青岛，即胶州湾，山富树果，海有渔盐，人民安居乐业，原是富庶安乐的地方。

——洪深 1933 年

『青岛乡野风物志』系列丛书

步 调

黄岛蓝莓生长笔记

王 帅 著

中国海洋大学出版社
CHINA OCEAN UNIVERSITY PRESS
·青岛·

编制单位

青岛西海岸新区农业农村局

编辑委员会

统　　筹　李金国　刘记军

主　　编　王卫青

副 主 编　逄建辉　董培岩　薛聚基　孙　磊　隋　军

编　　委　王辉娟　王维明　刘　蕾　王善荣　李　娜
　　　　　薛　顶　刘尼尼　杨晓斐　周红云　盖泽霖
　　　　　管秀梅

课题支持

青岛西海岸新区乡村振兴研究院

青岛西海岸新区农产品产销协会

青岛西海岸新区宝山镇蓝莓产业协会

图片提供

青岛西海岸新区农业农村局

青岛西海岸新区宝山镇蓝莓产业协会

良友书坊

序

金文成 / 文

近几年我多次到青岛西海岸新区调研，见证了当地发展蓝莓产业带动农民增收致富的历程，并把青岛西海岸新区宝山镇“一镇一业”的实践推荐到中共中央组织部和农业农村部联合编写的《乡村振兴实践案例选编》中。前不久，我借参加第三届印迹乡村创意设计大赛——印迹鲁乡·青岛西海岸新区定制赛启动活动的机会，再次调研了当地蓝莓产业发展情况，随后收到《步调——黄岛蓝莓生长笔记》一书的编制方送来书稿邀请我作序。据我了解，目前国内尚没有蓝莓主题的文本是用田野调查的方式完成的。翻看本书，作者以深入田野、贴近大地与乡村生态的书写，记录中国第一棵蓝莓在黄岛落地生长的历程，复述种植企业与农户质朴的喜悦与烦恼，各级政府对产业的政策性调控及目标导向……由个体观察出发，链接黄岛蓝莓20多年来的发展景观，曲折犹如乡间小径，皆有一步步前行，踏出黄岛蓝莓产业的信心和前景。我乐意为本书作序。

因地制宜是发展蓝莓产业的重要前提。青岛西海岸新区把产业兴旺放在推动实现乡村振兴的首要位置，因地制宜发展蓝莓产业。青岛西海岸新区地处被誉为水果种植生命线的维度，水资源丰富，发展蓝莓产业的生态优势显著。20多年来，当地各级政府与农业主管部门、企业与个体农户，合力发展蓝莓产业，坚持以开放思维办农业，以工业化思维发展农业，全力打造蓝莓全产业链，构建起集品种优化种植、宣传推广、检测储藏、物流销售等为一体的全产业链体系，把"小蓝果"孕育成乡村振兴的"大产业"；建设了包括万吨恒温库、气调库，标准化果品分拣车间的果品深加工产业园，引入自动化智能化果品分拣包装流水线，可同时分割通用厂房供3~5家果品深加工企业使用，有效解决了蓝莓仓储的难题；配套建成了服务保障中心和品牌推广中心，开发出了蓝莓酵素、花青素、叶黄素等高端产品，建成了青岛西海岸（宝山）果品交易中心，基本实现了蓝莓全产业链发展。

龙头带动是发展蓝莓产业的重要抓手。青岛西海岸新区依托产业联合体，统筹种植户的土地资源和产品，有效化解了因土地等客观条件制约，园区难以扩大规模、产量跟不上发展速度等问题。龙头企业分包到村开展技术指导、质量监督、市场开拓等工作，组织群众抱团发展，精准实施品牌战略，完善果品全产业链条，实现全区蓝莓产业在种植、管理、销售等各个方面平台化一站式的指导和帮助，解决农户种植无序、资源浪费、销售无门等问题，真正实现农户与企业的良性共生和共建共赢，形成了富民强镇的乡村振兴样板工程。

农旅融合是发展蓝莓产业的重要模式。青岛西海岸新区整合宝康蓝莓、蓝宝实蓝莓等30余处现代农业园区，引进沃泉生态农业等10余个特色旅游项目，推动蓝莓种植与乡村旅游融合发展，打造集果品种植销售、观光采摘、民俗体验等功能于一体的乡村旅游区。根据季节特色推出"探春""揽夏""觅秋""享冬"四季乡村旅游套餐，大力发展"后备箱经济"，立足蓝莓等特色农副产品、文化资源，与山鹰集团等企业合作，提供个性化包装服务，提升农产品价值，推出“名优土特”“旅游文创”等高端产品，让游客乘兴而来、满载而归。农旅融合的模式吸引了大量游客，也为百姓找到了致富门路。

技术创新是发展蓝莓产业的重要方向。技术创新是产业“走出去、走得远”的必由之路。一方面，青岛西海岸新区邀请专家团队不断改进种植技术，从露天到大棚，从有土栽培到基质栽培，从单一品种到多个品种，创新一刻也不停止；同时对蓝莓品质进行严格把关，授权发放蓝莓产地追溯码，形成品质保障倒逼机制，确保产品质量。另一方面，针对蓝莓销售业态进行创新，拓展了“线上＋线下”的蓝莓推介渠道，在本地举办黄岛蓝莓文化节，并在兰州、西安、深圳、上海等大中型城市举办黄岛蓝莓专场推介会，提高品牌影响力。

青岛西海岸新区立足当地人文和资源优势，做强做大蓝莓产业，开发出持续带动农民增收的其他优势产业，把蓝莓树打造成发财树，让蓝莓果升级为致富果。我相信，“小蓝莓”一定会成为扮靓青岛西海岸新区人和、村美新乡村的开心果、幸福果。蓝莓产业的步调，也必将走向通往远方的阳关大道。

2023 年 5 月 12 日

（作者系农业农村部农村经济研究中心主任）

目录

第一章　黄金地带

第二章 定植生长

第三章 改良山谷

第四章　产业层次

第五章　未来远征

第一章

黄金地带

属于新世纪

人勤地不懒

照料土地

属于新世纪

按照古罗马诗人恩尼乌斯的说法，农业的要素也是构成宇宙的要素：水、土、空气和阳光。100多年后，另一位古罗马人M. T. 瓦罗在《论农业》一书中再次强调了与恩尼乌斯相似的判断："知道土地的性质，了解它适于种什么，不适于种什么，这一点至关重要。"

青岛果产以风土适宜，素称发达。1934年，吴耕民作《青岛果树园艺调查报告》，对青岛果树园艺达于极度隆盛的可能予以寄望："青岛市区为山东一隅，地滨海洋，气候温和，且山峦起伏，尽是高地，其适宜于果产，固不待言……自德日相继占租，深知市面之繁荣，有赖于乡村之富庶，对本市农林业之发展，均各尽其力以为之；对于果树园艺，输入各种新品种，奖励栽培，亦不无相当进步。"

青岛市黄岛区，又称青岛西海岸新区，是山东省青岛市市辖区。2012年12月1日，国务院作出《关于同意山东省调整青岛市部分行政区划的批复》，决定对青岛市部分行政区划实施调整，撤销青岛市黄岛区、县级胶南市，设立新的青岛市黄岛区，以原青岛市黄岛区、县级胶南市的行政区域为新的黄岛区的行政区域。2014年6月3日，国务院批复同意设立青岛西海岸新区，包括青岛市黄岛区全部行政区域。

黄岛在胶州湾西岸，与青岛隔海相望，地质特征几近相同，"多冈陵而少原隰"。《胶澳志》中载述其地质特点如下："据德国地质学者所考察，谓其地质多由于花冈（岗）石及片磨石而组成，并含有石灰岩及沙岩。水灵山有煤炭层……胶州湾之西岸泽含有石灰岩，故地质学者谓此项地层之构造上属于新世纪也。"

"本市（青岛市）界内之农业经营，在地形土质气候等之天然环境上，在土地面积交通位置等之经济环境上，莫不宜于果园"。1933年10月，青岛工商学

会就青岛农业开发提出行政策略，倡提果园事业，积极养供良苗。“因果树园艺之利润，可三倍以至十倍于农作…… 本市之果园事业，原具良好之基础，与悠久之历史，徒以竞争落伍，乃至衰退。”

1935 年 4 月 21 日出版的《都市与农村》创刊号里，易天爵所作《青岛农村经济的概况》一文，开篇便点明其土质特点：“青岛是一个田园化的都市，而又是一个都市化的乡村…… 就青岛全市之地质系统言，系属于太古层之片麻岩及花冈（岗）片麻岩。此类土壤，多半是本地及附近岩石腐蚀而成。或由于风化，或由于流水冲击，乃成为一种特别的砂土，颗粒较粗……富于钾磷等质…… 适于种植花生瓜果麦豆。”

1936 年，梭颇和周昌芸在《土壤专报》第 14 号发表文章，对青岛土壤特征给出进一步描述：“青岛附近土壤皆属于轻度灰化棕壤，剖面层次多不明显；其发育于花岗岩者，土层常薄；反之，发育于冲击扇形地者土层较厚，且有粘（黏）重之 B 层”。

1942 年，寺田慎一、森永治平、木村次郎在华北产业科学

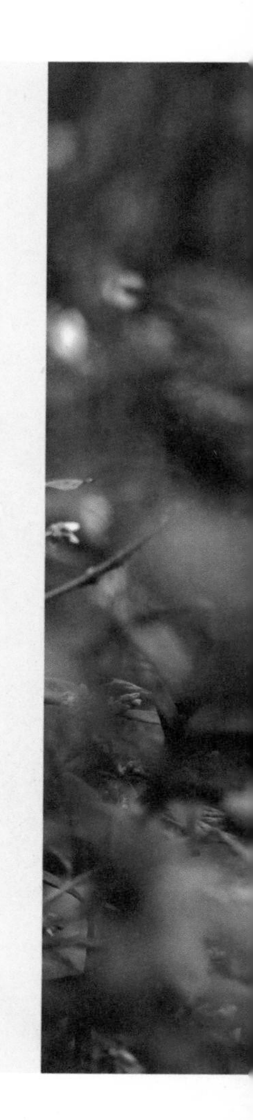

研究所做青岛土壤调查，检测出土壤 pH 为 6.8。由其窥析，可知黄岛大略之地质特征。

德国租借胶州湾以前的几个世纪，湾畔的面貌变化微小。濒近海隅的村庄以捕鱼为业，远在山谷的村民则沿袭千百年的农业传统。“那时的农业，不过是守着种于地收于天的成训，并没有一点讲求的想头，至于荒草地，除了樵夫打柴以外，更是没有第二种的用途了。”至 1898 年 3 月 6 日《胶澳租借条约》签订，青岛以城市的形态开发建设，但很长一段时间里，海西还是一副古老模样。乡民珍惜土地，从土地里获取四季所需的生活资料。其时，无论受限于土壤、天气、工具还是现代技术，土地的农业产出很低，尽可能拓展耕种面积是温饱之法。“自古人口繁殖，农业集约，不问平原山野，倘稍有土壤可取，虽一步之地，亦行开垦。”20 世纪 30 年代，青岛市农林事务所技士白埰对青岛附近之地势及气候进行了总结：“气候纯受季候风之支配，夏期为东南风，空中富于湿气，雨量亦多，温度稍高 …… 冬季则与此相反，西北风甚强，空气干燥，气温显著低下。”

而此前30余年，德国人自占领青岛之初，就开始对胶州湾畔的农业及山林情况展开调查。“田里的工作2月初就开始了。先是种大蒜。3月份种植大麦、圆葱、芥菜。4月份翻耕谷子和玉米田，种上大麻和芹菜。柳树发芽了；杏树、李树、苹果和梨树花盛开。山坡上盛开着堇菜和野郁金香；蔷薇篱上吐出了新叶；高处的棕黄色土层在野草覆盖下成了一片绿色。5月份冬小麦成熟；然后种水稻、荚果、芝麻，栽种红薯……市场上出现了第一批樱桃和豌豆，葡萄树发芽，酸模草开花。6月份是第一个大的收获月。大麦和小麦从地里收回来；杏子、桃子和李子上市；石榴树的绿叶掩映在丛丛红花下；收了豆子和荚果、玉米、大麻等作物后，重新翻耕土地准备播种冬季收成的作物。7月份苹果和梨上市；播种芥麦和萝卜。8月份拔去大麻，种上白菜；收获榲桲、

核桃和好品种的苹果。在丰沛的雨季过后，9 月份是每年最大的收获季节，稻子熟了，收割谷子和高粱准备过冬之需……”通过自 1898 年以来历年的青岛农业与营林历史，不仅可以阅探青岛农业的过去，也可以从中发现气候与现在生产的关联。又一年，1899 年度的报告称，山野间，凡稍有土壤之处，悉被开垦为农田。肥料自 1897 年冬季堆积厩肥，块状施用。人民苟缺乏燃料时，即将杂草小枝及路边杂草，或其草根，苟能燃烧者，掘取殆尽，以供烘火之需。果树之栽培及接木法，自古来住民已早行之，若从而奖励补助，教以技术的方法，不难改良发达；然欲达此目的时，须经过长久之岁月。

1901 年 10 月 —1902 年 10 月，关于青岛农林果木的情况，德国总督府在报告中说明，果树尚能发育，殊以矮作之果树，多著美味之果实。华人本擅长果树育成，剪定等技术，亦皆熟巧，故不论何村，无不栽植果树。然因其选种不良，果实之价值减少，故由本年度起，供给租借地内 13 人村落住民以优良果种，以冀其改良。即由林务署员指导，使彼等将其所有 659 株果树接良种插穗。然人民误以为将其私有树木没收，故多将接木折断不少，经劝论及赏金罚金法，彼等渐表同情矣。1902 年 10 月 —1903 年 10 月的报告里显示出了乐观：“青岛果树栽培，更有希望，若加以改良，不难增加输出额。又本年接木，又林檎、樱桃、桃……”

1905 年 10 月 —1906 年 10 月的报告里，有了关于果物生产的进一步建议：“就果物生产考察，应注意下列三事：一、外观美，二、美味，三、耐运搬。具备以上三条件者，首推美国加州产。现时中华仍不能产出上等苹果及梨，虽产量甚丰，亦不便于运搬，如最负盛名之北京梨，至远只能输至烟台。又华人中上流社会，最嗜水果，东洋海岸需要多数苹果，故在中华经营果树，必获大利，然须经多年经营，始能具备前述三条件，产出改良品种，将来有待于果树企业者也。”1906年10月—1907年10月的报告载：“果树园更加扩充。由日本美国输入之果树，计：梨80株、樱桃80株、桃20株，圆醋栗300株，日本梨之台木1 000株。又供给华人121 000株之接穗。”

时间到了美国农业部弗雷德克里·康维尔首先对北高丛蓝莓进行人工驯化栽培、明确提出蓝莓生长需要酸性土壤的1908年，德国总督府对青岛果园提出“应扩充”的总结报告；同时，为改良果实品种计，由德国引入樱桃苗100株、由美国引入苹果苗150株、梨苗50株、樱桃苗326株、葡萄苗1 000株。

人勤地不懒

青岛在陆续进行现代农林果树栽种的时候，1909年5月15日，美国农业学家富兰克林·哈姆瑞·金乘轮船从上海前往青岛，目的是观察在青岛马上就要开始的耕作与施肥方法。在青岛的考察，是他长达九个月东亚农业实践观察的一部分，走访过程中，他看到了中国耕作经验中的大智慧，并印证了他的有机、可持续农业的理论。

富兰克林·哈姆瑞·金深入田间，与青岛当时最新一代的农民交流，看到他们以智力和体力，在很小的农田上成功地繁衍着大家庭，并保持着地力生生不竭。富兰克林·哈姆瑞·金在青岛调查那段时间，青岛异常干旱，很多农民为浇灌作物不得不自打水井，“农田都很零散，相隔有一定距离，所以浇灌必须轻便”。

气候决定了青岛也像中国其他地方那样采用密集管理和高效耕种的农

业实践，富兰克林·哈姆瑞·金意识到，他有必要及早且深入了解，这里的农民为什么必须这样做，又取得了怎样的成功，以及如何完善这种农业实践，并充分利用物理和机械手段减轻人力负担。

富兰克林·哈姆瑞·金在青岛农业考察时的记录，直到现在仍然体现在青岛的农民身上："他们劳作于生物，经过长期的亲密接触而对它们了然于心，从那些不可见的过程推断出了完整而正确的基本原理，从而能够按这种原理进行百试不爽的实践。"这一次步调，在书写黄岛蓝莓生长笔记的田野调查过程中，带有中国农业智慧的传统实践还将显现。

"人勤地不懒"，在青岛期间，富兰克林·哈姆瑞·金对这句中国谚语有了更深刻的理解。他将其定义为土壤管理的一种方法："以这种态度，在条件许可的情况下，此地的农民叫每一小块地都达到最高的产出。"管理土壤，耕耘土壤，"人勤地不懒"的谚语在黄岛蓝莓种植管理中，继续体现着它的现场逻辑。

1930 年，《商业杂志》第 5 卷第 5 号刊发文章《改善青岛农业计划：创设农产研究场，以期发展对外贸易》。对于青岛农业之改善，1930 年的实际方案是青岛商品检验局向农林事务所划租土地，专为畜产及农产研究场之用，"完全采取科学的方法，培养畜产及农产等类商品之种子，从根本上研究输出商品品质之改良，及其产量之增进，使对外贸易得以尽量发展"。

"青岛辖境，东北接连即墨县，西南管有诸海岛，与胶县接壤，农民众多，农业丰厚，鱼盐之富，甲于全国 …… 本市全市区农民，共二〇一、〇〇五口，占全市人口百分之五十强，耕地面积一〇、二三九亩，每口估地约仅五分，普通农地之生产收益，每亩每年约自十五元至卅元，园地则可自六十元至五百五十元 …… 海西区之阴岛薛家岛等处，因近临海滨，所有农地之产，不足自给，多恃捕鱼为生，终岁勤劳"。1932 年，《中行月刊》第 5 卷第 3 期刊发《青岛农业之概况》，介绍了青岛农业当时的情况。其中，青岛果产情形是："林地附近颇有栽培果树者，其得益较厚，因资利赖，果产之最主要者为梨，次为苹果、花红、葡萄、杏、桃、樱桃，产量尚丰。除桃及樱桃，俱属土种，品质较劣，农林事务所正在推广良种外，其余品质均优。惜生产虽多，而就地无工厂，外销无合理组织，尚未能充分利用耳”。

照料土地

2023年4月，新冠肺炎疫情影响消退后的第一个蓝莓季到来，以“质量兴农、绿色兴农、品牌强农”为主题的首届全国名特优农产品产销对接活动在青岛举办。青岛西海岸新区黄岛蓝莓、海青茶荣获2023年全国名特优新农产品产销对接最受欢迎产品。这是农业农村部为在特定区域内生产、具备一定生产规模和商品量、具有显著地域特征和独特营养品质特色、有稳定的供应量和消费市场、公众认知度和美誉度高的农产品的一种质量认证。而在进入全国名特优新农产品名录，拿到这块全国“土特产”的金字招牌之前，黄岛蓝莓的故事，丰饶弯曲。

蓝莓属于杜鹃花科越橘属多年生灌木。目前，世界范围内进行经济栽培的蓝莓有五个品种群：北高丛蓝莓、南高丛蓝莓、半高丛蓝莓、矮丛蓝莓和兔眼蓝莓。不同品种群的树体又有明显差异，矮丛蓝莓树高多在 0.15~0.5 米，北高丛和南高丛蓝莓树高多在 1.8~4 米，半高丛蓝莓树高介于矮丛蓝莓与高丛之间，兔眼蓝莓的树高可达 7 米。在中国，率先引进的蓝莓种群为北高丛，黄岛种下的第一株蓝莓品种蓝丰，就属于北高丛蓝莓。

从 1999 年种下第一株蓝莓开始，二十几个春夏秋冬以后，黄岛蓝莓种植面积扩大至 10 万亩，已是中国最主要的蓝莓种植区之一。

蓝莓喜欢轻质、酸性、有机含量高、水土保持能力好的土壤。蓝莓定植前，选择合宜的土壤是极为关键的一步。在黄岛，蓝莓种植范围主要集中在张家楼、宝山、六汪、藏马等街道与乡镇，那里水、土、空气、阳光适宜；土质是以花岗岩为母质的富于磷钾的石质土、黄棕壤，pH 在 4.5~6.5 之间，偏酸性，土壤类型具备高产土壤的肥力基础；其地位于胶州湾西岸，属典型暖温带半湿润

大陆季风气候，多年平均气温 12.2 摄氏度，年有效积温 3 986~4 400 摄氏度，是蓝莓的黄金生长地带。我的步调，由此开始。

为了过滤掉所有先入为主的观念，我决定先没有目的地在黄岛的深处走一走。在山间群谷，受蝴蝶招引，走进一条弗罗斯特之路，弱雨背后积蕴着意料之外的湿热，几乎每一步都能闻得到泥土和青草的气味，我总觉得把那里称为“山谷”，会显得更有人情味一些。

也注定将遇到一个个古老又新鲜的故事。

山谷里，每个村庄都有各自的曲折。在这里，曲折完全是地势在起作用，高低起伏，我一度沉迷其中，就像走在圆明园那个一度不易破阵的迷宫里面。因为陌生，处处是画面，一切都有不期而遇的意思。家家户户关着门，一副不为时代所动的样子，几十年，几百年，向来如此。一位村民割完草回家，看见我在日头下，笑着说：“不热吗？过了头午再出来。”

下午 4 点，秋虫就开始鸣唱，这是属于它们的时间。其实，若是太阳不那

么毒烈，它们会更早一些时间开始活动。在漫无目的的山谷里，它们各有各的节奏，完全不需统一指挥，但此起彼伏间，总能和鸣一曲。不过，总要有一定的心理准备，才能面对它们的突然沉默。它们躲在无人打理的草丛里，躲在腐旧的秸秆堆里，躲在渐暗的黄昏里，料定了我们将会失落。

要到入夜才是真正的唱诗班。或长或短的声调冲入夜色里，尾声还没有消失，新的啼鸣又开始了。我们的黑夜，是它们的白天。

9月，太阳变得斜长。土地，以及土地上的一切附着物，包括人的影子，都被阳光镀上一层怎么也甩不掉的金黄色。花生收获而去，留下花生秸秆堆在一起，仿若莫奈草垛的超级迷你版。

冷暖棚里的蓝莓静止了一样。然而，又分明可以察觉到枝干的生长。叶片变得肥厚起来，吸收着来自秋阳和秋风深不可测的能量，像成年人的手掌。

田垄间，是农妇用剪刀修剪下来的枝叶。蓝莓的整个管理过程中，修剪是最费工夫的。普遍的做法是，果实完全摘完后剪一次，秋去冬来再剪一次。第二次修剪被称为休眠期修剪，也是黄岛蓝莓普遍采用的修剪方式。此时，枝条状态和花芽都便于识别，容易修剪，也利于判断来年产量。因为，在休眠期，蓝莓贮藏营养主要在根系内，此时修剪对树势和根系的影响都小于生长期修剪，而且另一个优势是，对修剪部位的局部刺激作用要强于生长期修剪。对成年蓝莓果树来说，休眠期修剪最为合适。

果树栽培，非一般普通农作物可比，一切管理工作，均需精密周详。到11月底，大棚里的蓝莓就要开始提温。年底，这些蓝莓就会开花，这时候，便轮到蜜蜂出场。授粉的时间到了。不仅暖棚里的花朵需要蜜蜂授粉，稍晚一些时间，春天真正开始的时候，露天蓝莓开了花，种植户也会放一点蜜蜂帮它们授粉。

几乎每一个时间，蔬果的生长都要进行人为干预。这是现代农业不同于过去的地方。蔬果管理可谓事无巨细，除草、施肥、浇水，在过去最耗人工的事情现在变得简单，解放出来的人力可以着手制订更精细化的耕种方案。生活变得与生产相似，都演进为一项诱人却也枯燥的经济指标。

农业里最根本的吃苦耐劳并没有因产业化而发生太大变化。相反，农业愈产业化，对时间的依赖愈强。伴着技术进步、机械更新，现代农业的确解放出大量时间。可是，未示于人前的忙碌或者说闲不着是农业怎么也无法放弃的传统要素，对土地的照料才是收获的核心动能。

下起雨，正好可以观察风、土的呼吸。起初，风里裹带着些许凉意，等到风停雨静，先前跟风移动的乌云变幻成大面积动态云块，空气变得光滑干燥，土壤也很快干湿分离。

因为下雨，林中腐草的味道被进一步激发出来。因为下雨，才更留意土壤。经雨水冲刷，土壤分出层次，棕壤的发生层和形态学特征更显可见。驯化栽培作物、施肥改良土壤，这是人类参与农业以来从未停步的事情。

雨水可以检验土壤。尽管不能像计算机一样分析氮、磷、钾以及氧化钙的全量，但从它渗入土壤的情况，可在一定范围内识辨土壤的呼吸。雨后，在山谷、坡地等几处不同位置选定地块，便可以观察附着物以及土壤在连日降雨后吸收雨水和储存雨水的能力。丘陵起伏，山间田地不易形成积水，疏松的土质在储水方面也没有什么优势，于是，小麦、玉米、高粱等传统农业作物和烟叶、水果等特色农业作物就出现分野。它们对水、土壤的需求和要求大不相同，而农民又根据不同农作物的产能（产值）情况从管理精细化程度上区别对待，同一块山岭地，便有了不同的农业景观。与平原土壤相比，山地土壤中的磷肥和钙肥存在明显差别，农民选购化肥的时候自然会有所偏向。自青岛开埠，用化学肥料替代传统人畜粪便改善土壤的方法一直持续，爱礼司洋行曾多次在青岛、山东其他多地取样分析试验，亦进行过实地调查，唯“人生地疏，所得很不完全”。

第二章

定植生长

勤勉的拓荒者

故事首章

回到土地

金子般的梦

进入市场

仍有空间

勤勉的拓荒者

一季成熟，一季休养。从农业里，很容易理解成长。可是，察觉成长又有相当困难。农作物的生命循环是一部史诗，因为它寓意的永恒。于是，我的每一次观看都好像刚刚开始。群谷里，既有嫩叶，又有枯草，世界看上去永远长不大。

这一次去，夏日雨水里疯长起来现已委顿的杂草把通往果园的便路破坏了，尚庄村民崔立政趁着雨后土壤呼吸放松的机会，带着铁锹修整路面。由于周边蓝莓种植户占地，崔立政山谷里的果园一分为二，西南和东北各留了一角。上午，他摘了两筐成熟的油桃到集市售卖，10元3斤，很快卖完。于是，他又回到果园，再摘一些，重返集市，大雨却来了。崔立政见我经过、停步，似是没有其他可招呼的，就让我自己摘桃子吃。及至告别，他还嘟囔着没有方便袋，那样的话可以摘一些让我捎走。

与这里的很多村民一样，崔立政也种植蓝莓。他有一个占地一亩半（1 亩≈ 666.67 平方米）的冷棚，另外还有六七分（1 分≈ 66.67 平方米）田地用作露天种植。“今年是第三年，刚开始结果，卖了 1 万多块。”崔立政已进耳顺之年，不过，守顾着这些农地，他未有倦意，“活儿不够干，还是有时间闲着”。

崔立政是闲不住的人，刚开始跟种蓝莓的时候，他一度和大棚里的杂草较起劲，“我看不得地里有草”，雨水又多，刚刚拔完的草很快长了出来。几番试验，几番“决战”，崔立政决定购买覆草膜，因此，他解放出了很多时间。

崔立政不仅是农民身份，还保有农民心态。他与蓝莓种植产业化还持有距离，对他来说，可耕种的土地就是那些，既没有本钱主动租赁流转土地以扩大种植面积，也没有被动参与到失地当中。

从尚庄走出，见一个人坐在雨后的河岸边。他的视线深处，是风车，是铁塔，是已经开垦和未垦的无限远山。经过一片片果园、棚地，一层又一层，山岭间闪现一个个硕大坟丘。再往前，一个村庄出现在岭地上。

遇着一位村民，他说，这里也是尚庄，与远处山脚下的尚庄是同一个村庄，一共有六七百户人家，门牌号从山脚一直排到他所在的山腰，“我家已经是第 629 号了”。他指着远处我来时经过的果园说：“以前那里也有村民，后来搬到我们这里，并成一组。他们搬过来之前，这里仅有 12 户。”一句话说完，将近半个世纪过去了。

道别以后，继续上山，走近初遇老人视线深处的风车、铁塔和土地。转身，村镇已在远处，可目力所及仍是尚庄。尚庄村的永久基本农田有 3 149 亩，另有涉及耕地 1 954 亩，此外，还有村镇等其他建设用地。下山路上，乌云从群山间腾起，想着第 629 号尚庄村民对村庄有电有路的反复欣赏，我对途中蟾蜍和风车的恐惧瞬时减弱了很多。

虽是山间丘陵，但土地也被充分利用。除了硬化的路面，几乎每一寸都

被各式各样的作物占领，黄烟、板栗、花生、油豆、番薯、玉米……不易栽种农作物的低洼处，则栽植了一行行一棵棵幼小的树苗。饶有意味的是，在它们旁边的树木已经成材，两相对比，更让幼苗显得弱不禁风。山谷里尽是撩人的秋色。

山沟里的松柏可谓久经岁月，相较于那些一季一季枯荣的杂草，松柏令人动容的主要之处还不是它的久经岁月，而是它被进步的农作物包围后凸显出来的独立与孤寂。它们是另一种更坚强的“杂草”。

勤劳的农人总想方设法让闲置的土地地尽其用。不过，也有稍嫌过度的时候——生怕一块地闲着，便种上地瓜，又疏于或忘记打理，杂草和地瓜蔓混在一起。如果用积极的眼光去看，他们也是山地里勤勉的拓荒者。

故事首章

我与蓝莓都蛰伏了一个冬季。春天渐盛的时候，我见到了艾冬梅，此时已值露天蓝莓集中采摘的收获期。七八十位采摘工人散布在起起伏伏的种植园区里，若不经提醒注意，他们隐藏在蓝莓丛中，人影儿都难看到。

离午饭还有一段时间，为工人准备餐食的开放厨房已备齐大部分材料。一位中年妇人守着一个巨大灶台，添着柴火，炖煮着近百口人的午餐——土豆炒肉片。另有一位帮手在她不远处的水池旁，用两个不锈钢盆一遍遍冲洗切好的土豆。土豆黄灿灿的，尽管生脆，却已然诱人。早上采购的萝卜、大头菜一袋袋堆放着，很难想象它们一顿饭就会被园区里的工人们消化。

灶台深处，是钢结构搭建的遮阳棚，四周用塑料薄膜围挡，形成一个封闭空间。一个又一个纸箱壳铺在地上，组成一张以地为基础的“床”面，上面叠着五颜六色的薄棉被，以供采摘工人就地休息。

遮阳棚内的龙骨上，张贴有品牌的中英文介绍：“蓝宝实简史 —— 半部中国有机蓝莓栽培史。”旁边，更详细地说明着市场路径：“2009 年，蓝宝实回归中国市场，定位高端，主打有机蓝莓。2010 年，开放了中国首个有机蓝莓采摘观光园。”

艾冬梅上上下下忙碌着，看见楼梯有杂物堆积，一边提醒员工“楼梯清理出来，不准放东西”，一边引我上楼。

设在园区里的办公室也是用钢结构搭成的临建，限于土地属性与用途，“没法儿正经八百地建一所房子，只能做这种简易用房”，艾冬梅明白道理所在，但这里始终是蓝莓在黄岛的发源地，她认为“总应该打扮打扮，不然客人来了一看，发源地原来这样，多不好啊”。在艾冬梅看来，这也是黄岛蓝莓形象传达的一部分，“无论谁来，咱都有话说。客人来了，也可以展示更多蓝莓元素”。

“真实的历史就是这回事儿”，艾冬梅强调，脚下这块土地就是蓝莓在黄岛的发源地，它有着实际的地标意义和象征意义，“我们的园区是黄岛最早的蓝莓园区，应该好好展示。如果镇上把蓝莓展示馆放在这里就更好了。第一，这里面积大；第二，真实的地方就在这儿；第三，老照片也都有 ……”艾冬梅的意思是，参观者来到位于西海岸新区宝山镇金沟村的这一园区，不仅能够了解蓝莓的种种特点，更重要的是可以与园区、与黄岛蓝莓的源头直接接触，“(可以)融为一体，这儿就是黄岛蓝莓发源的地方，展示馆在这里恰如其分。”

艾冬梅所在的公司是青岛杰诚食品有限公司(以下简称杰诚)，她于 2021 年 9 月成为这家公司的法定代表人。蓝宝实则是杰诚食品注册的有机蓝莓品牌。1999 年 12 月 27 日，杰诚食品有限公司在胶南注册成立，最初它是日本诚成贸易有限公司投资的外商独资公司，投资总额 100 万美元，经过几次股权更变，杰诚现在是一家中外合资的有限责任公司。大股东、实际控制人仍是日本诚成贸易有限公司。2022 年 3 月 15 日，与联想控股的佳沃集团有关联的深圳市鑫果佳源现代农业有限公司首次持股杰诚食品。2022 年 4 月 26 日，

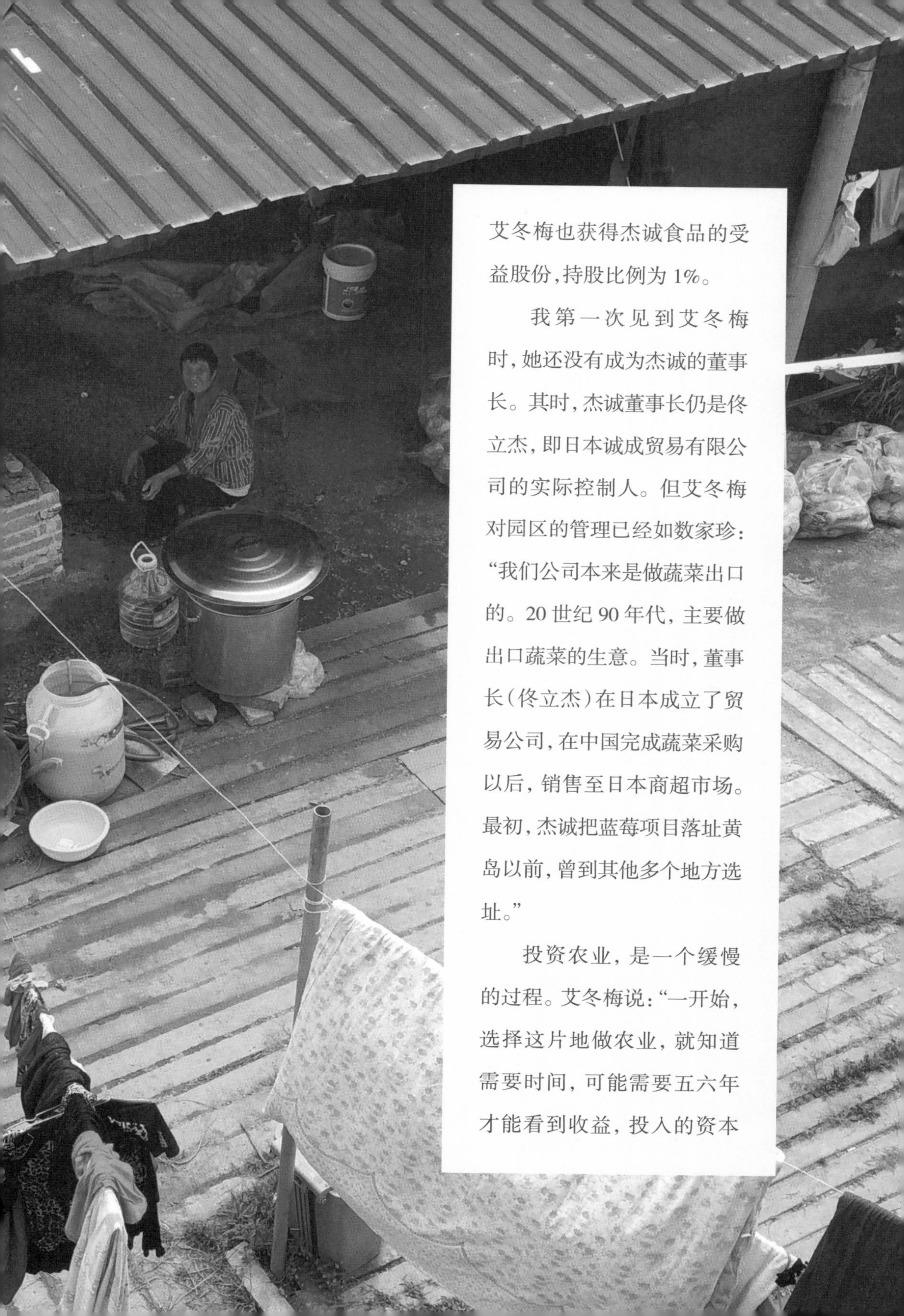

艾冬梅也获得杰诚食品的受益股份，持股比例为1%。

我第一次见到艾冬梅时，她还没有成为杰诚的董事长。其时，杰诚董事长仍是佟立杰，即日本诚成贸易有限公司的实际控制人。但艾冬梅对园区的管理已经如数家珍："我们公司本来是做蔬菜出口的。20世纪90年代，主要做出口蔬菜的生意。当时，董事长（佟立杰）在日本成立了贸易公司，在中国完成蔬菜采购以后，销售至日本商超市场。最初，杰诚把蓝莓项目落址黄岛以前，曾到其他多个地方选址。"

投资农业，是一个缓慢的过程。艾冬梅说："一开始，选择这片地做农业，就知道需要时间，可能需要五六年才能看到收益，投入的资本都是董事长经营贸易生意时的积累。”艾冬梅要表达的是农业投资的深不可测，进入农业领域，不仅要有前期注册资金一项，后期每年都需要投入大量财力、人力，以及最不可缺的时间。

为什么要做蓝莓？在这里工作多年，传递到艾冬梅心里的信息是，它与佟立杰的蓝莓情结有关。20 世纪 80 年代，佟立杰在日本期间接触到蓝莓，并了解到蓝莓对心脏、心血管有一定的补益。在查阅与蓝莓相关的一些资料后，1989 年，佟立杰决定种植蓝莓。

从 1995 年开始，佟立杰回到中国，陆续向相关专家了解蓝莓功效，尤其关注蓝莓在中国的发展情况，由此发现了蓝莓在中国市场仍属空白。“那时，没有人种蓝莓，也没有人认识蓝莓”，艾冬梅说。

1998 年左右，佟立杰去往长春，与吉林农业大学园艺学院教授李亚东正式见面，讨论蓝莓在中国的种植事宜，涉及如何选址、如何栽种以及在中国开展蓝莓的大面积栽培开发等。

李亚东是蓝莓领域的绝对专家。1985 年，李亚东毕业于河北农业大学园艺系，获学士学位。1988 年，他在吉林农业大学特产园艺系获得硕士学位。留校任教以后，李亚东由助教升任讲师，继而副教授、教授，并到加拿大农业部粮油作物研究中心、美国宾州州立大学园艺系进修，以果树种植资源与遗传育种为研究方向，终成包括蓝莓在内的小浆果栽培生理、遗传育种及产业化推广研究方面的倡领者。

佟立杰与李亚东见面的时候，因为蓝莓在中国还没有实际下地栽种，李亚东对于种植能否成功也不明确，为此，他们选择了当时国际上较流行的、适应性比较强的蓝莓品种，从美国引进种苗，开始在国内培育试种。经过三次商谈，结合实地考察，佟立杰与李亚东达成合作协议，由佟立杰出资、李亚东投入技术，双方展开蓝莓种植的乡村实践。

第一批种苗培育好以后，李亚东曾问佟立杰：“你要种多少亩？”佟立杰把这个问题返抛给李亚东。那时，国内尚没有成功的经验，李亚东最初的想法是试种二三十亩。而佟立杰给出的一期指标是500亩，第二期扩种至2 000亩。

艾冬梅的转述里，李亚东对佟立杰提出的目标表示惊讶，继而兴奋起来。作为中国研究蓝莓的第一人，李亚东还不曾看到蓝莓在中国实质落地，遑论大规模种植。“当时，他俩选择了很多地方，去南方，访北方，像浙江的一些区县、江苏连云港、山东日照以及东北三省的一些地区，持续考察了20多个地域”，那是一次详尽的考察，包括气温、平均年降水量、湿度、土壤构成等多项指标。

在日本时，佟立杰已经注意到蓝莓在当地的成功。回到中国，尽管选址纬度与日本相似，但国内气候仍与海洋环抱的日本有着明显差异。多番考察后，佟立杰和李亚东最后决定在黄岛区宝山镇金沟村试种，并很快租赁土地，组建了公司。第一次先种了50亩，其他480亩作为预留地备用。“一年后，蓝莓苗木在黄岛生长得很茂盛，试种成功了”，艾冬梅说，当时，从国外运来的蓝莓苗没有人认识。乡人不识，此时至人们对蓝莓认识并投入热情还有几年时间。50亩蓝莓试种成功以后，2000年秋天，杰诚又把预留的480亩土地全部栽种了蓝莓。

回望20年前的垦作，几句话就能把辛劳与喜悦一并收入其中。当时间在那片土地上流淌的时候，过程里的曲折与隐微要复杂得多。整个园区全部栽种蓝莓以后，又遇到了其他问题。李亚东对蓝莓育苗研究甚深，但进入授粉等落地种植环节，问题接踵而至。有一年，因为没有通过蜜蜂进行授粉，500多亩蓝莓园几近绝产。

尽管大多数蓝莓品种可以自花结果，但人工授粉可以提高坐果率，增加单果重，提高产量和品质。后来摸索出的经验是，人工授粉之外，还可以用配置授粉树的方法进行补充。通行的方式是一个园区种植两个品种以上的蓝莓。园区内根据不同的分区，品种搭配种植就能达到配置授粉树的效果。

“经过很多失败，花了很多年。”艾冬梅说，蓝莓的生长周期决定了，错过授粉期就意味着当年只有投入没有产出。农业的试错成本很高，可是又别无他法，只有一天天一年年面对。蓝莓种植初期，技术跟不上的问题时常出现，佟立杰也多处找技师，请他们到黄岛现场指导，助力解决技术难题。

“在所有的种植方式当中，最难的就是有机”，自落址黄岛，杰诚就以有机蓝莓为生产方向。艾冬梅有一个形象比喻，有机意味着对农药化肥的控制，可是“这种虫子找这个教授，那种虫子找那个教授”，怎么办呢？面向理念与技术做双重研究，杰诚在探索有机蓝莓生产的过程中，一步步从困难中找到了解决办法。

至2011年，杰诚还是黄岛罕见的规模蓝莓种植企业，拥有绝对的定价权。艾冬梅说：“当时我们有产量，而别人才刚刚开始认识它。如果我们使用农药化肥，产量就能增量甚至翻倍，三年五年就赚得盆满钵满。但是，我们没有这样做。”艾冬梅认为佟立杰这么做立意深远，“（做有机）不仅对环境有益，对子孙后代也是有益的事情。这是他心中的梦想，谁都不可以改变，这是一道红线”。

关于对有机蓝莓的严苛把控，艾冬梅还讲述了一件旧事：“有一年，园区门口位置长了一些杂草，有员工用除草剂喷洒，被当场开除。”时间久了，这些像故事一样的真实发生成为影响杰诚种植有机蓝莓的一些判断标准。就这样，杰诚的有机蓝莓一直做了下来。

露天种植蓝莓成功以后，佟立杰又受到乡邻用冬暖大棚种植蔬菜的启发，开始尝试暖棚种植蓝莓。此外，佟立杰的另一项对比考虑是，南方蓝莓种植有天然优势，产果早，当年11月、12月就有果品上市。

暖棚可以改善蓝莓生长的局部小气候，使蓝莓在北方的冬天也可以生长，将果期提前，从而更早面向市场。从一件事情里获得灵感是一回事儿，真正挪移到另一件事情上面，就要处理一个个具体的不同。现在，技术发展得更好，自动控温技术也都实现了，但在21世纪初，果蔬大棚控温远不像今天这样简单易操作。于是，在暖棚里生炉子、安装反光板，包括使用电暖气，都一一试过，才最后摸索出暖棚的控温方案。暖棚成功后，又继续摸索冷棚的种植管理经验。几次试验，冷棚控温的方法也得以实现。自此，蓝莓在黄岛的销售周期变长了。种植场景有暖棚，有冷棚，有露天，种植品种又有不同的品种，从而形成不同的产期，自春天开始就有鲜果上市，直至盛夏，“从4月、5月、6月、7月，到8月，可以达到五个月的不间断供货。”

毛云海是佟立杰的朋友，现任青岛杰诚食品有限公司监事。20世纪90年代，佟立杰在日本的阶段，正是毛云海协助他在黄岛种下了第一批蓝莓果树。“除了李亚东教授的技术支持，金沟村党支部书记宋德江给予我们很多用工支持，这些都是我们需要记住的人，应该感谢的人，”艾冬梅说，“一份机缘吧，我们就选择在这里。要是当年选择云南或其他地方，就是另一番景象。”

金沟村这片土地，杰诚承包了50年。“还早呢。我的梦想就是帮助董事长实现他的梦想。很多东西不是金钱能衡量，它的意义已经超过这一切。我经常跟员工说，你们好好地做，我们做的事情，对自己、对别人，都是有好处的。”每当叙说在黄岛种植蓝莓这件事情的价值与意义，艾冬梅都望得很远，她用一种阐释理想的方式表达这件事情，既远离土地，又无比贴近土地。

现在杰诚的市场主要在国内，销售也是定向销售，需提前一年预订。最初，2003—2007年这一阶段，杰诚的蓝莓供货市场主要面向日本、东南亚国家以及中国香港，当时确定的蓝莓商标品牌是“健康农园”和“农园彩珠”，分别于2002年6月7日和2005年5月30日申请注册，并于2003年6月21日和2008年3月7日注册成功。艾冬梅介绍，21世纪初的蓝莓市场在国内刚刚起兴，还处在消费者的市场培养阶段，“国内卖不动，一个果季连400箱（1.5千克/箱）都卖不了”，消费者对蓝莓的认知也还不充分，因此，当时的策略以出口为主。

2009年左右，杰诚将市场转向国内，品牌更新为蓝宝实，注册商标是“蓝宝实有机蓝莓 ORGANIC BLUEBERRY”。如今，“蓝宝实有机蓝莓基地已经获得了中绿华夏有机产品认证、欧盟有机认证、日本JAS有机认证、美国NOP有机认证，成了中国有机认证最齐全的蓝莓基地”。

蓝宝实有机蓝莓的市场定位最初是面向国内一线城市的超市，以家乐福、沃尔玛、佳世客为代表，定价为60元/盒，125克/盒。那段时间，中国市场对蓝莓已经有了相当程度的培育，消费者也接受并喜爱这种蓝色小浆果。艾冬梅说，用了一两年时间，“蓝宝实”的固定客户就培养起来了。“不管今年、明年、大后年，（消费者）只要看到是我们的品牌，就放心吃。所以，回头客比较多。”蓝宝实品牌逐渐在鲜果市场确立，消费者的品牌忠诚度也越来越强。“就像认人一样，也会认东西。就像买衣服一样，也会认牌子。”

在农业领域，培养一个品牌并不容易。很多农产品，就性价比而言，表面上难作分辨。此外，基于农业易受自然、天气、周期影响的特点，农业产品无法像工业生产那么标准，每一年都会有差异。至于有机农业，艾冬梅也说，有的蓝莓口感甚至要比蓝宝实甜，“好像差异化看不出来”。然而，有机的影响既作用于现在，也发生在未来。“当土壤被污染，我们无处可逃，不仅仅是吃的、喝的问题。”

2021年蓝莓上市期间，有一天，艾冬梅到市场去，看到有些蓝莓已经卖到了几块钱一斤。“对公司来说，这是无法维持的，农户却可以这么做。农户没有冷库，他们的劳动力也不计成本，对于有机也不在意。”看着蓝莓现在的市场状态，艾冬梅愁绪难解，她清楚问题之所在：“气温不断上升，农户存不住，不能积压在手里啊，便宜也卖”，但“对整个行业来说，这是很大的打击”。

蓝莓到了尾果阶段，价格已在谷底。个中原因，除了尾果品相、市场饱和等特征以外，颗粒归仓的传统农业态度仍在农户们心里。由于他们的劳动力不计成本，所以，每一粒蓝莓都是收获。

“这两年，我们有一些优质蓝莓还能卖到 60 元 / 盒（125 克 / 盒）的价格”，艾冬梅明白有机的长效价值，唯一遗憾的是“总量低了”。她很清楚，经过二十几年市场培育以及种植规模的不断扩大，蓝莓渐成为大众水果以后，价格整体下降是市场规律。

“最近三四年，我的理念改变了。要全心全意投入每一分钟，既然选择了，就把事情做好。种豆得豆，种瓜得瓜，你的双手、你的心用在哪里，哪里就会给你不同的呈现。”艾冬梅开始深思，与她的一次经历有关。

“前段时间，我去六汪基地，看到路边晒麦子，感受就挺深。为什么要节约食物呢？一粒一粒粮食经过了风霜雨雪，多长时间才长成那粒麦子，才磨成面粉，才做成馒头，浪费了确实可惜。换作我们做的这件事情，被别人浪费了，是一件不好的事情。所以，节约不是一句口号，不是一种被动要求，而是发自内心的一种珍惜。”这件偶遇的事情对艾冬梅影响很大，她进一步确定，要脚踏实地地做好每一件小事，并在工作中把这一想法传递给同事以及临时雇用的采摘工人，“想法怎么传递给其他人呢？每天都有新人来，新人比例大约 1/3 左右，新人来了以后，都要做培训。培训包括纪律、包装要求以及生活方面的问题，我在纪律方面的唯一要求就是问心无愧。”艾冬梅也明白，问心无愧无法量化，它是一个不可估量的道德标准。

20 年间，杰诚的蓝莓品种大约换了三茬。“一些地块，如果蓝莓果树状态不好，或者旱了，或者涝了，就要更换。再者，国内更喜欢口感甜的品种，不太喜欢酸的品种，像蓝丰这些老品种，不如最初那样受欢迎了，也会陆陆续续更换一些。但是，现在大部分还是蓝丰。”经营园区不是一劳永逸的事情，既要面对自然的考验，也要面对市场的考验，艾冬梅说：“有一年，出现了天牛，就平茬，侧枝发芽后，重新生长。不过，也得经过两三年时间才能长成。要是更换新品种，就需要更大投入，除了更换果苗外，还要更新土壤等其他物料。”

作为农业生产的一个项目，蓝莓种植最大的成本仍是时间。不论更新果

苗还是果苗在当季的生长，时间成本的投入马虎不得，没有片刻清闲。具体到施肥、浇水、剪枝、采摘等每个环节，时间的价值都会反映到人工上面。“找人太贵了，以前人工费 80~90 元 / 天，2020 年到了 120 元 / 天，2021 年的人工费就要 130~140 元 / 天。”由于是规模园区，杰诚需要很多工人同时入场劳动，“一次需要一两百人，还要通过中介，包含车费、抽成等，中介甚至报价 180 元 / 天。成本这么高，（蓝莓）价格那么低，还怎么生存？对散户来说，人工费的水涨船高影响不大。对我们来说，我们总量太大，不雇用人工不行。”艾冬梅认为，人工费的增长固然是市场的结果，但就整个蓝莓产业来说，也应该考虑产业规模与地区之间的协作关系。“我们不会在同一个地方种植很大面积，因为资源、劳动力都有辐射圈。”

要有一个安全的辐射圈，要有一定的种植规模，两者各自在什么范围内才是最佳平衡，并不是纸上谈兵的计算，也没有绝对值可言。平衡就像波浪，它有时时刻刻的起伏，而非结冰的单一状态。

现在，有一些地方在推行种蓝莓给予补贴从而扩大种植面积的方式，艾冬梅建议：“不要这样去推动它。一年是好事，两年是好事，长远看就未必是了，甚至最后烂摊子都没法儿收拾。”的确，适度规模可以让农民收入增加，但并不是规模越大越好。郭涛涛在《无问城乡》一书中曾经分析，规模太大，来自国家补贴收入过高，其实会消磨掉一些农民种植的进取心。

艾冬梅的担心绝非多余。

现成的例子也有。2015 年 5 月，就曾有人带着“资本”从灵山卫到宝山，租赁了王家小庄村的流转土地四五百亩，添置设备，建棚盖房，投资大农业生产。圈地的园区分设葡萄、黑桃、苗木三种基地，都属于面对时间才能在未来获得效益的长投资。2020 年，主理人去世，资金链断裂，妻子一人无法按原计划行进，把在城里上班的儿子召回也无济于事。土地租金开始拖欠，园区也渐渐停滞，生出无人问津的荒草。

热钱流入农业，并非都是收获。蓝莓产业化过程中，有相当一部分蓝莓投资者由于没有遵循产业发展的规律，或缺乏技术、时间以及其他更精细化操作的准备，因而没有达到预期目标，有的种植者甚至遭遇巨大经济损失。

“跟风是不太合适的做法，对整个行业冲击很大。”面对中国农业资源紧张的现状，艾冬梅也有些无奈：“就那么一条路，那么多车在走，稍微一磨蹭，就过不去了。”面对上至政府下到乡民的普遍焦急心态，艾冬梅也有些焦急，但她现在的主张是让蓝莓有序成长，“每个人投钱，他就会为自己的投入负责。每个人都有自己的目标，外力不要推动它，一推动，有的人脑袋就发热了。这个政策好，他也去种。或者他要种多少多少亩，完成指标”。长此以往，面对农业的理念会变，悬着的恶性循环也会落地，那时候就“没有什么忠诚、专业、信任了”。

回到土地

“蓝莓两个字知道怎么写，果子什么样却不知道”，回忆1999年日本诚成贸易控股的杰诚到村子里租地种植蓝莓的时刻，参与联络协调的宋德江“当时一心想把这个项目谈下来”。他的基础想法是：首先，山里土地多，耕种难度大，不要让地荒了；另外，杰诚把蓝莓园区落址金沟村，可以解决部分劳动力；第三，当时土地租金120元/亩/年，出租后可以增加一些集体收入。至于更进一步的“最终想法”，如果种植蓝莓这一项目可行的话，适合老百姓，也可以让村民跟种，“因为，只种植农作物，只能解决吃的问题，经济来源却没有，让老百姓也挣点钱”。

“到今天，这个想法达到了。”20年后，宋德江关于过往的陈述已经过多次总结，不免有浪漫、理想的美化，但当初调地的过程，却无法进行语言加工。

"当时没见过蓝莓这种果子，市面上也没有，心里没什么底。"除此之外，对宋德江来说，当时的不容易与土地有关："土地承包 30 年的基本政策在那儿，调地不容易。"

宋德江所说的土地承包 30 年政策是指《中华人民共和国农村土地承包法》第二十一条规定的"耕地的承包期为三十年"。通常意义上，农村的第一轮土地承包从 1983—1997 年，承包期为 15 年。1997 年，国家出台进一步稳定和完善农村土地承包关系的政策，要求在第一轮承包基础上再延长承包期 30 年不变，从 1998 年开始，到 2027 年止。杰诚到金沟村洽谈土地租用事宜时，时值第二轮土地承包政策执行初期，调地难度可想而知。实质上，土地承包 30 年不变的政策旨在保障农民利益，农民可以通过土地流转、土地托管、有偿退出、土地使用权入股等方式获得属于自己的改革红利。不过，在 1999 年的社会观念和经济观念里，农民对土地流转的态度还不是今天的意识。2023 年 1 月 2 日出台的中央一号文件，即《中共中央 国务院关于做好 2023 年全面推进乡村振兴重点工作的意见》再次明确了深化农村土地制度改革的内容，对第二轮土地承包到期后继续延长时间给予指导，"扎实搞好确权，稳步推进赋权，有序实现活权，让农民更多分享改革红利。研究制定第二轮土地承包到期后再延长 30 年试点工作指导意见"。

当初，为给杰诚整理出 530 亩土地，金沟村通过以户为代表的形式开会，讨论同意土地降级，最后通过"用地级找平"的方式把 530 亩土地拨了出来。村子里的事情，村子里解决，再也没有比这更合适的农村改革了。方案通过以后，进入土地调整环节，"同意的就签字、按手印，除特殊情况不能到场外，多数家庭都来参加了。”宋德江说的“用地级找平”的方案,其实是一种换算方式。调地以前,金沟村的人均土地为18~20级地,优质的好地评级为10级,有些品质次之的贫瘠糙地评级到6级。从地亩上面看,金沟村家家户户的土地可能不一样,但地级总数却是一样的。

用地级找平的换算并不复杂,难度也不在观念上。在丘陵山地为主的乡村,用地级找平是公允方式,农民对此没有多少异议与疑义。但调地依旧不容易:一方面,村民对自家耕地的位置有着固有的情感;另一方面,山地、丘陵地与平地的产能相差悬殊,由此影响到土地价值的认定。

那时,荒山荒沟不在册,未列入适用地范围。是次“土地改革”,金沟村将其与原来的适用地整体纳入,把全村土地打乱,重新分配,人均地级从20级变为15级,“只能把亩数压下来,用总人口平摊下来”,宋德江说。一定程度地压低地级,因为是整体操作,分配方式未出现不公平的情况,也没有遇到特别阻力。这样就把530亩土地整理出来了。

在金沟村村委见到宋德江那天,天气酷热,宋德江沏了一壶浓茶,然后把话匣子打开。村委办公室的风扇呼呼旋转,我们在热风下面对坐着。

金沟村耕地面积约1 146亩,蓝莓种植就有1 000多亩,占比极大。早出发是冒险,也更容易占据优势。自2001年陆续扩种,逐渐发展到现在的种植规模。

“反对的村民少,大面上都同意。”宋德江说,金沟村村民除了种植蓝莓外,也种一些其他农作物。如果只种农作物,很多村民种不过来。对村民来说,种植蓝莓可以获得农作物以外的经济收入;另外,蓝莓在黄岛形成产业以后,也解决了一部分劳动力的就业问题,蓝莓成熟的季节,有的村民就近出去摘蓝莓果,一天也有200元左右的收入。

不止金沟村,因地理决定的黄岛土地总体以丘陵山地居多,就传统农业而言,大规模耕作并不存在。进入21世纪,农民、农村、农业所面对的问题已与过去很不相同。因土地的先天条件，肥沃的土地占比仍小，农作物种植的单一和经济价值的转化率低是三农问题面临的不容忽略的课题之一。包括蓝莓种植在内，农业的多元尝试和产业化经营越来越多，一方面，农业的前途变得光明，另一方面，从事农业的人数却在减少。

从事农业的人口减少与中国近20年的城市化有关，农民进城以后，农村土地闲置。更重要的是，当基本农田的产能无法匹配社会平均生产力的时候，传统农业对土地的利用方式就会发生变化。

“现在不是那个时候了。”宋德江是蓝莓种植的尝试者，他从经验中确认了现代生产要素的重要性这一结论。

他也谈及蓝莓在黄岛的种植实践，谈到佟立杰如何与金沟村接洽。宋德江介绍，佟立杰当时考察了很多地方，去了黄山屯、胶州等地，综合考虑金沟村周边的土壤、水源等要素，包括有没有受到污染等情况，最后选择了在这里。“佟立杰来了好几趟，我们也与他们谈，政府也参与协调沟通。当时虽说对蓝莓并没有多少认识，但就抱着一种想法：我们这里土地多，荒山特别多，单纯种植农作物，(村民)种不过来；后来陆续种了一些杨树，但土很薄，杨树也生长缓慢。于是，就想着联系这个项目。”这是一个朴实的逻辑，但也由此给黄岛的农业发展带来了一条重要的“蓝色线索”。

金子般的梦

2005年，黄岛宝山镇蓝莓种植规模达到1 100亩，第一批栽种的蓝莓进入初果期，亩产值可到3万多元。初战告捷，越来越多村民开始跟种，参与到蓝莓产业当中。五年后的2010年，宝山镇蓝莓种植面积约有2 000亩规模。到了2021年，蓝莓在宝山镇的种植面积已达20 000亩。2010—2021年，十几年间翻了10倍。

现在回头看，前期老百姓对蓝莓这种陌生果树的认识并不够，后期的认识才有了改观。“有的农业户，手里有十几万元，他们认为把这些钱投入地里种蓝莓，钱就花了却不知道有没有回收。”农民接受一种新农业要素的速度最核心要素是有利性。在有利性要素直接显现以前，收益无法确认的时候，等一等，看一看的情绪是必然的。另一个影响金沟村村民把积蓄投入蓝莓种植的因素是成本，当时先期投入的成本，对他们来说确实太高。

老百姓的观念与生意人的投资观念并不一样。这一直是关键的经济问题，也是1979年诺贝尔经济学奖获得者西奥多·W.舒尔茨在《改造传统农业》开篇的提问：“在什么条件下，对农业的投资是有益的？除非农民有机会并得到刺激去改造其先辈的传统农业，否则对农业的投资就是无利的。”

以保守的方式鼓励“冒险”，金沟村与杰诚前期谈的是，村民从杰诚购买蓝莓果苗，待自己种的蓝莓采摘收获以后，再由杰诚回收、销售。对金沟村的农民来说，这是易于接受的降低风险的方式。宋德江的具体构想是，尽量地让部分农户或几个户先带头试种，早期种植的农户有了可观的收入以后，其他农户的意识自然就跟上了。“如果没有例子，只说种蓝莓能挣多少钱，老百姓不相信。”宋德江希望按市场价向杰诚购买蓝莓果苗，然而，杰诚那时候“并不认可这种方式”，“他们想拿独头”，“当时花钱都不卖给你苗子”。

从2004年开始谈判，到2007年，杰诚终于放口，将蓝莓苗卖给金沟村村民种植。通常，蓝莓苗栽种三年后才进入初果期。“说实话，效益确实喜人。2010年，露天的蓝莓果到最后还能卖到80元一斤。”宋德江分析：“那年头价格高，但总体来说，种植面积还是少，关键那年天气冷，产量低。有些枝条都被冻了，我寻思‘瞎’了，后来，有些枝条缓过来了。”

老百姓们看见了实际收入，原本担心的销路问题好像也不存在了。“试种的时候，国内市场就已经有来这里收购的了。因为种植面积小，拉货的人甚至

都来‘抢’”，宋德江说，当时瓦屋村有一位蓝莓收购者，“他派了三个人，每天到我这里，像上班一样，待了16天，收购果子，他要是不来蹲点，就轮不到他。”忆及10年前收获蓝莓的喜悦，宋德江和其他蓝莓种植户一样，言辞里的生动仿佛是刚刚发生于眼前的事情。“遇到阴天下雨，是不适合摘蓝莓果的。但收购户仍坚持让种植户摘果子，宁肯收购后回去吹干，也要让果子尽快进入市场。”

“那个时候可以，那个时候可以”，宋德江一边喝着浓茶对抗着酷暑，一边回味着10年前的激情澎湃，“一开始，大家都有观望心态，等挣钱了，就有很多人涌入。”宋德江说，前几年有村民和他聊天，谈到跟种蓝莓的往事，后悔参与的时间晚了，他们常说“当时听你的话就好了”。那几年，黄岛蓝莓种植面积小，总体产量少，但单价高，种蓝莓挣钱成为不言自明的道理。与10年前相比，现在种植面积增加了，单亩收入却比以前少了，不过，农户的整体收入还是在提高。对参与到蓝莓种植的农户来说，他们虽然从事的仍是劳动密集型农业，在某种程度上，却渐渐走出了传统农业的范畴，已经向着专业化的方向迈出了步伐。

“当年只有杰诚一家，很多事情秘不外传，只能带着跟种农户自己摸索，如今包括技术都很透明，甚至有时候卖肥料的都会给你提供信息。”宋德江认识到，蓝莓所关联的产业是联合性的，“现在蓝莓这一个产业，带动就很大。像建大棚的钢材生产等，都被带动起来了。”

当蓝莓在黄岛实现产业化种植以后，它自身也能生产信息。尤其是随着品牌化的意识萌生、明确，黄岛能有效地建立起自己的推广站，它们借助推广电视、广播、报纸、微信等各式各样的媒介形成传播，既面向种植的农户，也面向更广的市场。对种植蓝莓的黄岛农民来说，只要他们能理解信息的含义，无论他们种植的是大园子还是小规模的露天生产，都能够利用这些信息。

根本上，这都是对传统农业的改造。蓝莓在黄岛达到一定规模以后，在生产过程中，它就会自动产生资本。这时候，资本不限于物质投入，它开始发展为知识资本。传统农业向现代农业转化的过程中，物质资本固然是先期条件，但对农民来说，以技术和知识为特征的资本形式，在农业投资与经济增长中的占比将越来越大。正如舒尔茨的观察与判断，一旦有了投资机会和有效的刺激，农民将会点石成金。

现在，宋德江个人种植着 30 多亩蓝莓，有温室状态的暖棚和冷棚，也有露天。而除杰诚以外，金沟村每户平均种植蓝莓约一亩地。蓝莓有大苗，也有小苗，收成不容易计算，通常以平均计，一亩地能出产 1 000 多斤蓝莓。宋德江以 2021 年露天蓝莓为例估算，“如果出果能坚持到底，一亩地收入大约在两万多块钱。涵括人工、施肥、农药等，成本对半吧。”

相较于露天种植，暖棚和冷棚的毛收入要高一些，基建投入相对也大。“现在不大敢建，钢材贵了，成本太高了。”对农户来说，暖棚和冷棚的投资是一项不小的开支，这是处理现代农业避无可避的问题。此外，与之相伴的问题包括如何面对空间、面对季节、面对机械等看似微小的变化。

譬如大棚建好以后，每天都要控制温度。“看着人家卷帘机自动放下来，其实使用过程并不容易，”宋德江说，“卷帘机也存在一定的危险性。冬天上冻，如果不仔细观察，强硬用机械拉动，轴承就会因此受损害。有的时候，电动机头也会掉下来，砸伤人。”宋德江想要表达的落点在于，蓝莓种植本身仍是件消耗体力与心力的事。冬天每天都得提温，也只有过年晚上吃那顿饺子，别的时候没闲时间。中国的观念里，过年是一个不可回避的仪式，麦天枢在《中国农民：关于九亿人的现场笔记》一书中写道：“常说‘新年伊始’，而实际上，我们的年——绝大多数守着土地的人们过的‘年’，则并非一年之始，而是四季之终，是日月循环、天地阴阳的一个自然和生命的阶段性总结。”

一开始觉得新鲜而不同，等到深入其中，宋德江发现蓝莓种植仍属劳动密集型农业。他算了一笔账，就露天蓝莓来说，如果一斤蓝莓卖 10 块钱，成本恐怕就挣不回来了。连人工费都挣不回来，人工费贵了。

基于黄岛蓝莓产业化市场的形成，蓝莓采摘等用工成本逐年增加，这是种植企业和种植户面对的压力。可是，另一面，对解决劳动力就业，这又是一个通道。“在我们这边，如果没有蓝莓产业，尤其五六十岁的群体，他们出去干活的机会并不多。”雇人的种植户不会认为自己支付的少，而出工的劳动力也不觉得自己挣钱多。与后来张家楼街道土地流转后的规模化种植结构相比，宝山镇蓝莓种植的普通户占比较大，“种几亩的话，都是自己管理”，夫妻二人协作基本就能处理蓝莓种植过程中的大部分流程。因此，在普通农户那里，人工费的计算方式与规模种植的企业不同，那是传统农业袭传至今、不计人工的生产方式，从另一层面看，这种心理判断也是对降低风险、提高收成的一种希望。

随着蓝莓在黄岛实现产业化种植、管理与经营，很多个人或企业通过投资把传统农业改造成高生产率状态继而使之实现高经济增长，这种情况越来

越普遍。热钱通过蓝莓进入到土地，规模急速扩大，但要素的均衡性问题却未能同步解决。舒尔茨的研究表明，求助于规模效益的概念一般是无用的，因为改造传统农业总需要引入一种以上的新农业要素。经济学理论对大部分黄岛蓝莓种植户来说可能晦涩难懂，但他们在实践中获得认知和判断一点儿也不艰难。

譬如相较于暖棚和冷棚的低尾果率，露天蓝莓会产生大量尾果。这时候，家庭小户种植的“优势”就显出来了。不需要再雇小时工，每天根据果实的成熟情况与品质表现，一家人到田间采摘，傍黑前到收购点出货即可。盼盼蓝莓园一家就是这般打理田地。与很多家庭种植户心理一样，盼盼除了种植露天蓝莓外，也搭建了大棚。大棚的果子上市早、价格高，露天的果子上市晚、价格低，看似没有优势的后者在时间上恰好接茬，而且造价远低于前者。不等闲，这是时间的答案。

把传统农业改造成高生产率的公共计划，是一种理想模型。但当规模达到一定程度后，一个微小的因素就可能引发边际收益递减，并有可能导致蝴蝶效应发生，甚至引发涉及整个市场的一场风暴。大生产单位有优越性和必要性，适度范围内，它能够优化资源，使成本降低，提高效率，当其超过一定限度，资源配置就会受影响，风险级数也随之增加。这是现实的诱惑，也是实际的难题。

看不到风险，就要做好承担风险的准备。

按照 2021 年蓝莓行情分析，有资金支持的大规模种植企业，当露天蓝莓批发价在 10 元钱左右的时候，刨除种植的基础成本和采摘的人工成本，还能勉强维持薄利。若批发价低于此，抗风险能力就变得很脆弱。

风险来自市场，共御风险也是市场的教化。市场之外，西海岸新区各级政府部门对蓝莓的产业化种植、管理、经营也很重视，一只看不见的手通过推广宣传、组织对种植户的培训等多种类型的介入手段，为蓝莓在本土的产业化、品牌化助力。2021 年 2 月 28 日，《经济日报》刊发记者刘成的文章《宝山蓝莓长成“致富果”》，报道了宝山镇引导农民发展设施蓝莓，让蓝莓成为百姓“致富果”的经验：

宝山蓝莓长成“致富果”

新春刚过，山东青岛西海岸新区宝山镇大陡崖村的蓝莓种植园里，虽然露天的蓝莓还在冬眠期，但暖棚里却早已进入了春天，蓝莓花满眼盛放。该村蓝莓种植户杨仕宝正在为蓝莓树疏花。“蓝莓开花之前剪枝、疏花，把小弱花清除掉，可以保证果大、品质好、果粉好。”杨仕宝说。

据了解，露天蓝莓一般 5 月开花，7 月上市，冷棚蓝莓 4 月开花，6 月上市，而暖棚蓝莓 1 月开花，3 月就能上市。蓝莓成长过程需要精心管理，严寒的冬季更需要各种升温、保温措施，保证蓝莓生长。杨仕宝说：“蓝莓在开花之前，要提前升温，保持室内温度在 5 摄氏度以上，让蓝莓花不受冻，提高授粉率。”

宝山镇是我国首批引进蓝莓种植的特色小镇。“宝山蓝莓”获批国家地理标志证明商标，宝山镇也因蓝莓特色产业鲜明、品牌影响力大、示范带动作用明显，成功获评第十批全国“一村一品”示范镇。因为巧打“时间牌”，暖棚蓝莓比露天蓝莓收益提高了不少。如今，宝山镇蓝莓种植面积虽已达 2.5 万亩，但是设施蓝莓的面积却只占到二三成，因此引导当地种植发展设施蓝莓，提高经济效益，也成为当地产业协会开展的一项重要工作。

宝山镇蓝莓产业协会会长隋军说：“现在这批暖棚蓝莓预计 3

月20日左右可以成熟。暖棚蓝莓的产量和露天蓝莓的产量差不多，但是暖棚蓝莓的价格是露天蓝莓的五六倍，所以下一步我们将引导村民继续发展设施农业，让蓝莓真正成为老百姓的'致富果'。"

与宋德江见面的那个下午，他多次谈到宝山镇政府对蓝莓的重视，"宣传力度很大"。说起黄岛蓝莓2012年被农业部评为地理标志保护农产品、宝山蓝莓2018年获批国家地理标志证明商标，宋德江当然高兴，因为品牌化可以为蓝莓带来更高附加值，可是，他略略还有一点遗憾。宝山蓝莓地理标志还可以更早去申请，"还是滞后了"。

在金沟村任支部书记将近30年，宋德江对这片土地的感情自不必言。"因为蓝莓种植在金沟最早，申请国家地理标志的时候就想落地在金沟。"看着蓝宝实有机蓝莓采摘后进入冷库，然后挑选打包，直接进入北京、上海、深圳等一级市场，宋德江不只艳羡，他也希望宝山蓝莓能够形成自己的品牌效应，像蓝宝实那样，有自己的合作渠道。

2020年2月17日，隋军任法定代表人的宝山镇蓝莓产业协会成立以前，2015年9月25日，宋德江也曾在金沟村1号甲注册过一个蓝莓协会——青岛市黄岛区宝山金沟蓝莓协会。后来，随着蓝莓种植面积在黄岛扩大，宝山镇政府有意组织成立更大规模的蓝莓产业协会。

某种程度上，改变传统农业思路、栽种更高效的经济作物蓝莓，也是农村改革的一部分。通过提升农民收入，用经济方式改善甚至改变农村卫生等方面的痼疾，是有效的方法。农村改革并不容易，风俗、习惯以及固有的乡邻关系确有许多需要走向现代性的地方。然而，如费孝通在《乡土中国》里言说的那样，乡土社会的信用并不是对契约的重视，而是发生于对一种行为的规矩熟悉到不假思索时的可靠性。

在金沟村，也有诸如拆障子的难题与解决方式。原先，村支部书记只负责本村事务，新时代农村试点网格化管理，有的村支部书记被分派到其他村庄里去，处理陌生人的熟悉问题。对他们来说，离开自己的村子，进入另一个村子，面对的是全然不同的环境。熟悉的可靠性消失了，熟悉感又难于一时建立，原本“拉拉呱就解决了”的问题重新变得复杂。

时下，改善农村人居环境是农村工作的一项重点。2018 年 7 月 26 日，中央农办、农业农村部召开 2018 年农村人居环境整治工作督导调研启动会。“会议强调，开展 2018 年农村人居环境整治工作督导调研是贯彻落实党的十九大和中央一号文件以及全国改善农村人居环境工作会议精神的重要举措，有助于扎实推进农村人居环境整治工作、打好实施乡村振兴战略的第一场硬仗。”2021 年 12 月，中共中央办公厅、国务院办公厅印发《农村人居环境整治提升五年行动方案(2021—2025 年)》。方案提出：“大力推进村庄整治和庭院整治，编制村容村貌提升导则，优化村庄生产生活生态空间，促进村庄形态与自然环境、传统文化相得益彰。”整体目标是：“到 2025 年，农村人居环境显著改善，生态宜居美丽乡村建设取得新进步。”

农村风习沉淀已久，人居环境整体不是一日之功。金沟村在处理拆障子的情况时，统一的方案无法全面落实。障子拆除后丢了蓝莓谁负责的问题、饲养的鸡走失问题、蔬菜被踏压等问题时隐时现，这一层面上，“农村活儿仍不好干”。

1937 年，费孝通开始写作被马林诺夫斯基认为是人类学实地调查和理论工作发展里程碑的《江村经济》。费孝通 80 多年前对中国土地问题的分析仍然适用于今天 —— 仅仅实行土地改革、减收地租、平均地权，并不能最终解决中国的土地问题。最终解决中国土地问题的办法不在于紧缩农民的开支，而应增加农民的收入。这一层面上，黄岛蓝

莓的产业化实践有其积极意义。

进入市场

每年6、7月份，正是露天蓝莓大量上市的时刻，无论批发市场还是零售市场，蓝莓都随着回落到亲民价格。蓝莓不像苹果，年前落下来，可以储放几个月，年后再出售；它不耐储存，即便存放在保鲜柜里面，保鲜期也很短。对种植露天蓝莓的散户来说，他们需要的是直接的销售渠道，采摘后不必等待就以适当的价格进入市场，免去待售的不确定担忧。

蓝莓的成熟度是决定蓝莓品质和货架寿命的最重要因素，后期包装等保险方式只是次要因素。因此，为了尽量延长供应期，采摘时需要一系列措施，用以延长蓝莓果实的货架寿命。

蓝莓果实在树上完全成熟时，含糖量最好，口感也最佳。实际发育生长过程中，蓝莓从开始着色到全部变紫需要2~3天时间，但通常需要更长时间来实现果实含糖量与口感的最优化。未完全成熟的蓝莓在包装储藏过程中容易出现水分丢失、果实欠色等问题，充分成熟的蓝莓果实采摘后又容易变软、失去最佳口感。因此，最适合的采摘时间是果实完全变成紫色2~3天后。对种植户来说，一旦最佳采摘时间到来，就不得不与时间赛跑。除了蓝莓成熟不等人，这也意味着采摘期集中，因大量用工而出现的人力短缺、价格上涨等现象将同步出现。

出售产品也是一门学问。生于公元前116年的古罗马人M. T. 瓦罗在《论农业》里曾经写道："至于准备拿到市场上出售的各种东西，你必须留意出售每种东西的适当时机，因为有些东西——不能存放的——必须在它们腐烂以前，赶快拿出卖掉，其他可以存放的，就必须等个好价钱再出手。"在今天，黄岛蓝莓的种植者已经熟稔这一点。

对黄岛宝山镇部分不具规模的个体种植户来说，他们已经认可前沟村自发形成的蓝莓交易市场的定价体系了。一个露天蓝莓收获的普通下午，一位农户推着三种规格的鲜果到前沟市场待售，三筐重量分别是 37.6 斤、36.4 斤、33.6 斤。最后，一个收购者以三种不同价格将其收购，交易快速，款货两清。不论种植户，还是采购商，包括一侧的旁观者，他们都从快速交易中获得了快乐，一笔又一笔交易，汇集成各自对农业的信心。

2021 年，前沟蓝莓交易市场正式开业。而此前多年，在前沟村前的空地上，像河水汇拢一样，买卖市场已经自发形成。收购者与周围的蓝莓种植户不约而同达成默契，来到这里交易。市场成熟到一定程度，便延伸有了前沟蓝莓交易市场正式的开市仪式。

徐连明是前沟市场的坚定支持者。他认为，自发市场有其不可取代的价值。有一段时间，宝山镇政府计划将蓝莓市场集中起来，到镇中心交由蓝莓协会统一管理，当时，前沟市场处在自由生长期，临时的聚集不免出现占用道路以及卫生环境等问题，当地政府也曾有意干预，最后经过平衡，还是将决策权交给了市场。徐连明说，前沟的蓝莓市场建起来了，幸亏没取缔，自发的市场，它有强大的生命力。政府想集中统一、规范管理也是好意，但宝山镇有将近 3 万亩蓝莓种植，不能用一种方式整合全部，规范发展要有，自发的市场活力也要保留。

徐连明是青岛宝盛源农产品专业合作社负责人，当地知名的蓝莓种植“大户”。他共有 4 个园区，占地面积 480 余亩，建有 70 多个蓝莓暖棚，也是黄岛最早种植蓝莓的当地人之一。从 2000 年开始种植蓝莓，20 多年时间里，徐连明最信任的就是市场。“为什么会在前沟形成自发的交易市场？因为仅相邻的前沟和金沟两个村的蓝莓种植面积就有 2 000 多亩，并且大都是散户。六七十岁的老头上午摘一筐、下午摘两筐，可以就近接着卖了，谁能骑着三轮车远路拉到镇上？即便到了，路上磕碰，蓝莓也成大花脸了。”

以前沟村为蓝莓集散地，覆盖其他村庄蓝莓种植户，蓝莓的销售渠道得以拓展，“有要大果的，有要中果的，有要小果的，各种都有去处，这就是市场”。作为大户，徐连明熟悉蓝莓市场的交易，因此更理解种植散户的实际需求：“在前沟市场，有 30 多块钱一斤的蓝莓，也有几块钱一斤的，这就厉害了，糙与好都有市场。”此外，前沟市场能自发形成，是因为它还具备其他农作物品种的循环优势，蓝莓季结束以后，还有芋头、地瓜等，就此形成一个良性的时间循环。

《经济观察报》曾在一篇报道《黄岛蓝莓：小浆果，大产业》的开头给出了徐连明一天的时间素描：“徐连明的一天，是从清晨六点开始的，起床、升棉被、根据土壤情况浇水、摘花芽、除草 …… 忙忙碌碌到下午四点，落下棉被，一天的农忙就算结束了。”作为黄岛暖棚种植蓝莓第一人，徐连明已经习惯了这样的日子。

“当时，别人都露天种植蓝莓的时候，你们为什么建大棚？”与我同行的当地姑娘赵玉雪提出这个问题以后，徐连明当即答道：“这不就是说思想意识超前嘛！”徐连明的言语里有几分幽默，也充满自我肯定。1999 年，杰诚到黄岛租用土地栽种蓝莓时，徐连明就敏感地注意到了这种小浆果。2000 年，徐连明与孟广荣即一起在山上租了一块地，参与到蓝莓的露天种植当中，可是“在山上发展一片露天种植，感觉不行，秋天就立即发展了大棚”。在杰诚对蓝莓信息仍秘而不宣的时候，徐连明的大棚蓝莓就有了收获。“大棚效果好。杰诚的蓝莓最早卖五六百元一斤，我们 2001 年一斤也能卖到 360 元。”

意识超前，决策果断，让徐连明成为黄岛最早种植蓝莓的一批人，也成就了他后来的规模种植。

下山后，徐连明租地，建大棚，投身到这枚蓝色浆果的世界。慢慢地，徐连明发展成为“大户”，并意识到自身的带动作用，“当时我和孟广荣一起开始

蓝莓熟了
批发零售

发展蓝莓，前沟村没有一户人家种蓝莓，现在已有 1 000 多亩的规模。2016 年，我们到尚庄发展的时候，村里也是一棵蓝莓树没有，村民见我们来了，立马跟着种起来。”徐连明转述村民的判断基础是：“你们这些大户来了，蓝莓肯定糙不了。”

蓝莓在黄岛由个体和单一品牌的带动，走向多级政府的参与，不断朝向产业化发展，渐已形成不同的生产规模与生产方向。种植大户、基础农户、企业、合作社、蓝莓协会……构成了一个生态相对多元的蓝莓产销矩阵，他们在大型经销商、农贸市场、乡村采摘以及深加工等多级销售中动态适配，共同推动着黄岛蓝莓的品种迭代与产值提升。截至 2022 年，黄岛有规模以上蓝莓企业 16 家、农民专业合作社 22 家，带动约 6.8 万农民从事蓝莓种植产业，种植规模从最初 530 亩试验田发展到 9.3 万亩。

2021 年，徐连明协同黄岛区农业农村局果茶花卉技术指导科引进了基质栽培蓝莓品种，采用进口基质做栽培原料，已获得成功。2021 年我与徐连明见面时，徐连明所谈的仍是蓝莓综合方面的信息，因技术方面很多内容属于核心知识，“暂不方便说”。现在，基质栽培已经过试验，替代了有土栽培。

与有土栽培相比，基质栽培有两重优点：第一，基质栽培尽管对技术要求高，但管理简单，不需要花费大量人力除草；第二，基质栽培的单位种植密度大，产量有明显提升。与率先用大棚种植蓝莓一样，跟紧步伐，采用基质栽培也是徐连明意识超前的一种表现。更根本的在于，随着黄岛蓝莓向着产业化发展，除了产品更新外，种植技术也需升级转换。徐连明计划用 3 年时间，逐步把暖棚内土壤栽培的蓝莓品种更换为基质栽培品种。

2020 年 6 月 24 日，徐连明、杨忠俊、徐帅曾联名申请过一种“蓝莓幼苗施肥装置”专利。该专利属于实用新型装置，涉及蓝莓育苗领域。通过水箱内部配合隔板，形成用于容纳肥料的肥料箱。水箱通过接口连通水管，水管连通至少一组施肥机构。施肥机构包括阀门和通过阀门连通水管的施肥管。

阀门为挤压式结构，用于接受施肥管所配合的培养杯的压力作用开启或关闭。通过设置水肥混合箱存储水肥，并通过水泵将水肥输送到各个施肥机构，施肥机构的施肥管刺入培养杯内部的土壤，在水泵作用下将水肥输送到对应的培养杯土壤中，从而实现培养杯一一对应施肥，保证了施肥效率、避免了水肥浪费。

仍有空间

最早采用大棚技术，徐连明就尝到了“缺者为贵”的甜头。“暖棚从销售来讲，还是容易，春天上市量还是少，价格也高。另外，就用工来说，暖棚阶段整个市场用工少，人力也容易协调；到了露天蓝莓上市阶段，用工就变得紧张。”熟悉了市场，掌握了规律，徐连明对园区果实的销售也把握了相对稳定的节奏。“我的果子基本上是明天要采摘的果，今天就订完了。”提前一天订货，一方面意味着徐连明的蓝莓不愁卖；另一方面，徐连明和他的客户都有了更充分的时间调配。“不论客户在青岛还是济南，我都跟他们说不用急着来，比如说济南的客户，下午到了就能直接装货运走，不必等待。”其次，徐连明所述的优势还在于果品数量能够保证。“大棚不受天气影响，露天则是靠天吃饭。像六月底，来了一场雨，露天蓝莓就容易受到影响，而大棚果子不会受累。”

确实，作为一种水果，露天蓝莓受天气、水土等多种自然因素影响，这恰恰是人力往往无法把握的问题。一场倒春寒，就会导致严重减产。这也是很多种植户从露天种植转向暖棚、冷棚的一个原因。

“大棚里没有那么多浮尘，和蔬菜一样，大棚蔬菜娇嫩嫩的感觉，露天蔬菜就不行，饱受风雨。”与徐连明一同申请专利的杨忠俊还谈到温室种植蓝莓

Misty
JORDAN
23

国家级蓝莓栽培综合标准化示范区
寶山藍莓
宝山镇蓝莓产业协会 出品

的其他优点："同样一个蓝莓品种，暖棚里的果子更好吃，露天蓝莓就变口味了。同样的品种，比如奥尼尔（蓝莓的一个品种，1987 年在美国北卡罗来纳州培育的早熟品种），露天种植果皮略厚，而大棚种植不会如此。"这与暖棚对温度的整体调节有关，改变了露天昼夜温差过大的情况，"前段时间温度比较高，露天蓝丰口感酸度明显要高，高温会有种把果子蒸熟了的感觉"。赵玉雪的感受也呼应了杨忠俊的答案："还是暖棚好吃，露天的蓝莓皮厚，还有一些酸。"

温室大棚种植蓝莓的优势太多，当然，它的造价也高。一个占地 1.5 亩大小的暖棚，一次性建设成本在 15 万元左右。2021 年蓝莓季临近结束的时候，徐连明在等待钢铁材料价格回落。他要把园区露天种植的六七亩蓝莓全部更新为四个暖棚。

前一年秋天，建设暖棚所需的钢铁材料价格还是 4 600 元 / 吨，到了 2021 年就上涨到 7 000 元 / 吨。"这是有史以来最高的一年，等了一个月，现在价格还在 6 200 元左右。"徐连明算了一笔账，建造一个占地 1.5 亩的蓝莓暖棚大约需要 10 吨钢材，1 吨相差 2 500 元，一个大棚的成本就要增加 3 万元左右。"通常，7 月底是节点，即使不见回落，也得买入，不然又要涨了。"

"蓝莓季快要结束了。"杨忠俊向我介绍了他们暖棚蓝莓产量情况："果树树龄不同，产量也有差异。一般（我们）每棵蓝莓产量控制在 3.5 千克左右，其实，棵产量达到 5 千克也可以，但果头要小一些。"就整体销售来说，杨忠俊建议，暖棚的产量不要太高。因为对蓝莓来说，根本还是讲究以质论价。

2021 年，宝山镇政府围绕蓝莓做了一件事情，对外抓品牌，对内抓质量。其做法是，所有的种植户，蓝莓在面向市场以前，都要经过检测。"青岛西海岸新区农业农村局有一个检测站，跟踪大户检测。对于种植小户，宝山镇也做到一户不落"，徐连明认为"这样做就对了"。"如果只往外推广宝山蓝莓，将品牌打造出来了，品质却保证不了，发不出好的蓝莓，出了问题，不是砸自己的饭碗嘛！现在是只要检测不合格，就坚决不发追溯码。只有果子是合格的，才给追溯码。”

黄岛蓝莓发展到今天，已不是一个人的生意。它关联万家，荣辱与共。与黄岛蓝莓的很多具有一定规模的种植户一样，徐连明不愿意看到黄岛蓝莓出现任何负面信息，而避免出现问题的根本永远是保证蓝莓的品质。

参与到蓝莓生产中的企业、合作社、种植户越来越多，黄岛蓝莓便有了规模，又会吸引更多的企业和人投身其中。相应地，保持同一向度品质的难度也在增大。作为成长起来的“大户”，徐连明亲历了这种现象的一再上演：“一个人看着挣钱，十个人就往上踞。十个人看着挣钱，一百个人就往上踞。”徐连明说，前些年，有一段时间，宝山镇不支持种蓝莓了，相应土地也不批了，因为“蓝莓多了嘛”。

蓝莓成为生产经营的沃土，前往者便趋之。“很多人是脑子发热”，徐连明举了几个例子说明人的失控。不过，另一方面，他所掌握的信息告诉他，蓝莓种植仍有待发展的广阔市场。

李亚东有一个团队，常年奔赴各地蓝莓产区，调研中得出判断，仍要大力发展蓝莓。根据李亚东团队的研究预测，到 2025 年，中国蓝莓将发展成 400 亿元规模的市场。截至 2022 年，黄岛蓝莓种植面积近 10 万亩，年产值在 11 亿元左右。

徐连明从李亚东那里获取信息后转化成自己的理解，“草莓、葡萄全国种植面积有 7 000 万亩，也没看见谁家的草莓、葡萄烂在家里，无非价格低一点。蓝莓全国只有 150 万亩左右，主要集中在云贵川。那里雨水大，优质果子的比例较小。全国最好的蓝莓在胶东半岛和辽东半岛，从日照到威海，从大连到丹东。而大连到丹东这一区域气温较低，育苗能力较弱”，在胶东半岛发展蓝莓，仍有空间。

徐连明他认可市场规律，也包括价格：“现在，蓝莓价格往下滑，但这是对的。任何一个产业，不能只走高端，只有高端会瘸腿，必须大众化。只有大众化，产业才有发展前途。所以，价格回归就对了。”徐连明心里明白，高端低端与线上线下，是一个道理，就是消费结构不一样：“比如说，蓝莓 160 元 / 斤的时候，有的人买着吃，当价格落到十几块钱，却不怎么吃了。”

不同地域对蓝莓认识的差异或许也隐藏着市场的潜力。赵玉雪则讲述了她随黄岛蓝莓到外地推介的经历：“我们去兰州，遇到了（蓝莓）派发不出去的情况，分发给当地人，他们都不敢吃；去西安推广的时候，就好很多。另一次在上海，带的量少，也没想卖，但却很快被当地居民抢购了。”

在与客户来往中，徐连明也发现，现在全国真正形成蓝莓消费市场的城市仍然集中在北京、上海、广州、深圳、南京、青岛等一、二线城市。“青岛现在每天消费蓝莓大约 100 吨左右，这个消费量大约会持续半个月时间。露天蓝莓上市初期、尾期的产量都没有这么大。我有几个客户是济南的，以前济南不认，现在接受度渐渐高了。”杨忠俊也补充说，山东省内的枣庄、临沂、东营、潍坊等地，近几年也陆续生成了蓝莓的消费市场。

“透过蓝莓，能看出消费水平，北京价格低一些，上海就要高一些。有一个广州客户，他对我说：‘只要你们能提供品质好的果子，价格你定。’他主要经营进口水果，对品质、供货量的要求都很高。对他来说，我这 480 亩规模就显得小了。”徐连明善于从市场中辨认方向，青岛市场认散装，北京、上海、广州更接受精品盒装。由此，他又从市场回到田间，从蓝莓的保存出发，分析市场的可能。“粒果保质期 2 天，带枝条的串果保质期可以延长到 4 天，保鲜效果更好”，徐连明说，“我觉得这是蓝莓以后精包装的一种趋势。”

黄岛蓝莓如何真正实现产业化？徐连明心想的还是政府指导与农民的自发性和主动性并举。“譬如杰诚有自己的销售网络，可单靠杰诚一家推不动。张家楼街道的蓝莓种植多是公司行为，但很多公司都在赔钱。为什么赔钱？有的公司里，公司老板一年去三趟五趟，管理跟不上。而宝山的种植户

源丰

大都是自发形成的,田间都由自己管理,具备精细操作的可能。”不过,徐连明也清楚,自发形成的种植户也意味着分散,这又涉及产品品质如何保证一致的问题。

蓝莓进入市场,种植者、销售者和消费者因其各自的侧重,他们对产品的期待有所不同。种植者希望高产、抗逆性强,销售者关注的是外观、硬度、整齐性和货架寿命,消费者关心的是果实的新鲜程度以及口感。

就品种而言,黄岛蓝莓相对集中。2000 年,徐连明建设的第一个暖棚,栽种的就是蓝丰。蓝丰属北高丛蓝莓,它也是杰诚率先引入的品种。现在,不止徐连明,整个黄岛蓝莓市场中,蓝丰已经成了老品种。目前,全国主打的蓝莓品种主要就是三个:薄雾、奥尼尔、莱克西。徐连明说,大部分蓝莓品种还处在试验阶段,因为不确定,所以不敢大面积推广。

“在宝山,蓝莓品种也就在 15 种左右,不会超过 20 个品种。”但市场中为什么会有更多品种的感觉呢?徐连明解析蓝莓命名不统一的原因与专利有关。只要种植蓝莓,购买的蓝莓苗都是成品。“有的蓝莓,实际是同一个品种,有人叫薄雾,有人叫泽西;像杜克与公爵,也是同一个品种,两种叫法。甜心就是双丰,EM 就是绿宝石。”为避免侵权,很多育苗机构就会重新命名。杨忠俊补充的另一个原因则与进入育苗试种结果有关:“试种的时候,以 M 系列命名。以 M3 为例,试验成功了就叫奥尼尔,试验不成功仍叫 M3。”

如今,以蓝莓为介质,各省、市、县、镇等多种地域范畴的节庆活动已越来越丰富,有的意在文旅,有的侧重对接产业。首届青岛国际蓝莓节暨中国国际蓝莓大会于 2013 年 6 月 8 日在黄岛开幕。其时,联想控股的佳沃(青岛)现代农业有限公司落址黄岛发展蓝莓产业将近一年,大有声势。是次节会由青岛市政府、中国农产品市场协会主办,青岛市农委、黄岛区政府和佳沃集团共同承办,主题为“世界蓝莓看中国,中国蓝莓看青岛”。来自中国、美国、智利、澳大利亚等国家的蓝莓业界学者、产业代表一齐出现在黄岛,共话行业发展。时任农业部党组成员、中国农产品市场协会会长的张玉香致辞时表示："青岛是我国蓝莓种植面积最大、产业化程度最高的蓝莓主产区。首届世界蓝莓大会在青岛举办，为蓝莓产业发展搭建了很好的平台，创造了交流合作机会。希望大会在推动农业科技创新和成果转化、促进产销衔接、加快优质品牌农产品发展等方面发挥重要作用。""要让全国的人都知道，蓝莓是种好水果，黄岛蓝莓是佳品。"时任联想控股股份有限公司董事长的柳传志则在致辞里谈到，联想将从高端水果入手，集中世界蓝莓产业界和社会各界力量，打造一个国际化平台，共同推动中国蓝莓产业和现代农业的发展。"我们进军农业，光调研大概有一年多。我们选择了黄岛，认为这里是最适合种蓝莓的地方。然后在资金上也做了非常充足的准备，先期在黄岛这边大概投了十多亿元，后面会越投越大，而且把财务回报拉的线放得非常长，预算打得非常宽，这都是做好准备来做的。"

2015 年 6 月，中国国际蓝莓大会暨青岛国际蓝莓节继续在黄岛开幕，主题已发展为"聚焦产业新格局 · 探索发展新动能"。除了举办蓝莓产业发展高峰论坛、技术应用主题论坛以外，另有成果交流展示、优秀企业颁奖和蓝莓基地参观采摘等多项活动。从 6 月 13 日到 7 月 15 日近一个月的时间里，蓝莓节以张家楼镇佳沃蓝莓示范园为主会场，宝山镇、藏南镇、大村镇、六汪镇部分蓝莓示范园为分会场，开展休闲农业观光、蓝莓采摘体验、蓝莓宣传促销等活动，全面推介特色蓝莓资源。

2016 年，中国蓝莓产业发展大会在四川省雅安市举行。2017 年，山东省青岛市西海岸新区，湖北省鄂州市，四川省蒲江县，云南省曲靖市、澄江县（今澄江市），浙江省武义县，江西省南昌市新建区新祺周管理处等地纷纷举办蓝莓节。2018 年，重庆市江津区举办了首届蓝莓节；同年，安徽省枞阳县也以蓝莓为主题举办了蓝莓文化旅游节。2019 年，黑龙江省伊春市友好区以"莓香飘万里，笑迎八方客"为主题，举办伊春友好蓝莓文化节暨第八届蓝

莓采摘节。2020 年 6 月，以“全球共享 莓好生活”为主题的国际蓝莓品牌大会在江苏召开。2021 年 5 月，“灵秀湖北・魅力阳新”暨城东新区首届蓝莓文化旅游节开幕式在湖北省阳新县举行。2022 年 6 月，黄岛蓝莓节暨宝山蓝莓产业联合体大会在青岛西海岸新区宝山镇开启。

“宝山现有两万多亩蓝莓，有的县市级都达不到这个规模”，徐连明认为，对连接上下游来说，这是一个充分的市场。因此，他也时常到外地参会，了解云南、四川、江苏、辽宁、广东等地蓝莓的市场情况。他更希望，黄岛蓝莓的参与者都要走出去，与上下游各方连接起来。

第三章

改良山谷

乡　音

农历逢五逢十，这里就有一次集市。深在山谷，集市保留了更多乡音。好像，世界又回到了从前。

宝山镇换乘站公交车站前挤满了人，中老年人居多。赶集的人里，也有年轻人，但他们更青睐商场，集市里的快乐在他们看来显得过于拙朴。况且，他们是购物中心教化的消费者，从未体会过讨价还价的乐趣。

番薯、芋头、板栗、白菜、冬枣、苹果、葡萄……集市上的蔬菜、水果，很难确定哪些产自当地，哪些从别处批发而来。仅大枣的品种，通过大小、色泽、成熟度，肉眼就能分辨出好几种，更不必说有的摊位直接标注昌邑枣，有的摊位用喇叭广而告之新疆大枣了。

除了微信、支付宝扫码支付，以及运载商品的车辆基本电动化，其他变化很少。农副产品、鞋帽衣物，农耕需

停在路边的汽车，远远逊色于品牌各异但使用方法和功能几乎没有任何差异的电动三轮车。济南轻骑、鹿意、小鸟、福田五星、钱江、珠峰派拉途、大安、宗申、金彭、鑫路通、上海永久、澳柯玛、澳珂特、五羊、淮海、金鸽、英诗兰得、赛克福、昊运、大安·罗纳多……几乎包罗了常见和鲜见的电动三轮车品牌。电动车依靠它们的便捷、灵活与适宜的价格，成为山民代步的主力。

泰山
84
84
84
黄豆
Rejoice

用的锨、杈、镢、犁、镰刀、笤帚、打场所需的扫帚，它们构成了集市的面貌，也是集市的主流。一把结实又可靠的大扫帚要价 30 元。秋收在即，置办农具的时间到了。

再小的摊位在集市里也有容身之地。几包钙奶饼干，几瓶海飞丝、飘柔洗发液，几包洗衣粉、立白皂、都市 84 皂，几瓶海天料酒、醋、黄豆酱油、腐乳，还有盐、糖、小苏打，另有几条泰山、长白山、牡丹牌香烟，在一个遮阳伞下，它们组合成了由钢丝床定义摊位的全部商品。即使这么不起眼，来来往往的赶集人当中，总有光顾它的客人。对于电商网购不怎么熟悉的老年人，从这里买一袋钙奶饼干大礼包，也是一种淘宝。

集市日，小镇才涌现这么多人。平时，人们都分散在村庄里，村村相通的公交车也没有赶集当天那种压力。

按照青岛观象台 1949 年以前的地方观测与研究，青岛的夏季自 6 月 30 日开始。不过，对山谷里的农民来说，田地里作物的生长周期才是春秋的基准评断，家什的更新置办也依据于此。于是，集市上镰刀开始热销了。

吃穿住用行，吃字当头。猪肉落价，猪肉摊前自然格外热闹，消费的热情胜过集市上的其他买卖。22 家猪肉摊南北排开，家家都有做不完的生意。青岛西站附近的房子也来赶集："城际空间站"的案名不知是面向城市还是面向农村；"产业兴城驱动千亩级大城崛起"，一幅科幻景象，配以"大型国企，高铁大城，地铁 0 距离，商业茂群，咫尺医院，星级酒店，一站式生活"，暗示着变动的逼近。

花青素

青岛宝康农业科技有限公司（以下简称宝康）位于青岛西海岸新区宝山

镇李家沟村西，从宝山镇政府驻地出发，西行6千米左右就可抵达。只因丘陵绵延，去往李家沟的道路并非直线，一路所见，景观起起落落，沿途风物多了平原里稀缺的层次。因此，注意力不自觉就被道路两侧的景致吸引，十几分钟的车程尤显漫长。

提前预习了功课，了解到这家公司成立于2011年1月，是一家集蓝莓育苗、蓝莓种植、科研、深加工、销售于一体的农业产业化企业。公司所在的园区占地3 000余亩，以有机蓝莓种植和深加工为产业方向。但占地面积大并非其第一优势，宝康的根本特色在于对蓝莓中下游产业的把握，特别是对蓝莓花青素的提取，从技术层面解决了蓝莓在物理存储等方面的难题。

2020年初新冠肺炎疫情初期，宝康向武汉火神山医院捐献了一批自制研发的有机蓝莓花青素，用以提高医护工作者的免疫力，以助援抗疫。有关花青素对身体免疫的优势价值，大众已有相当范围的认知。花青素属黄酮类化合物，黄酮类化合物最主要的生理活性功能是清除自由基能力和抗氧化能力。研究表明，花青素在延缓衰老、保护关节、抑制炎症、预防过敏等方面有明显作用。在富含花青素的水果里，蓝莓的花青素含量非常高，甚至有"花青素之王"称谓。

从蓝莓里提取花青素制成片剂推向市场销售，已与蓝莓鲜果的处理全然不同。一方面，这是对蓝莓下游产品尤其是蓝莓尾果价值的进一步提取扩大；另一方面，这也是从单纯农业生产经营走向更深层次技术市场的实践，是在表达农业的更多面向。

采摘后的蓝莓，通过采用生物及机械破壁、低温干燥等技术与工艺，即可从中提取花青素。相较于蓝莓鲜果，蓝莓花青素不需担心储藏运输等环节，更保证了蓝莓另一种形态的新鲜度，使蓝莓的有效成分全部溶出，提高了人体对蓝莓的吸收率。2020年，宝康总经理付宏存曾向媒体介绍，在当时，宝康是全国第一家也是唯一提取有机蓝莓花青素的企业。

"尝尝我们这些蓝莓，有机的。"在宝康蓝莓种植园区的办公室里，安仲强把采摘下来的蓝莓鲜果介绍给客人，随后又把曾在新冠肺炎疫情初期赠援武汉的蓝莓花青素产品拿出来。安仲强说，2020 年疫情防控期间，宝康从农历腊月二十九开始生产，一直没有休息。当时疫情阻滞了相关原材料的进口，所以，捐出的蓝莓黄金素已是宝康所能出货的最大产能。

"蓝莓花青素的提取属于高科技。现在市场里也有一些蓝莓花青素产品，但是，很多企业只是将蓝莓烘干后研磨，而我们的方法是通过生物技术，将蓝莓表皮中的花青素整体提取出来。"宝康提取花青素时还使用了一种进口原料，"那是一种糖，低聚糖，糖尿病人也可以吃。低聚糖是一种替代蔗糖的新型功能性糖源，能够改善人体内的微生态环境，有利于双歧杆菌等有益菌的增殖，代谢产生的有机酸可以使肠液 pH 降低，起到抑制肠内沙门氏菌和腐败菌生长的功能，调节胃肠的同时，还可增加维生素的合成，提高人体免疫力。"

一边冲泡着茶水，安仲强一边分享着有关蓝莓花青素提取的技术成本："主要是研发成本。前几天，我注意到南京有一个蓝莓推广活动，其中一家联合体声称种植了几万亩蓝莓，现在正在研发蓝莓花青素的提取技术。"安仲强一再强调技术的不透明与难度，蓝莓花青素的提纯率在 1/1 000 左右，"1 吨蓝莓大约提取 1 千克。"

与杰诚一样，宝康开始建园的时候，定位就是做有机蓝莓；同时，它又与杰诚试种后逐步扩大种植面积的做法不同，2011 年投资建设园区时就确定了 3 060 亩土地，"至今如此"。都是规模种植有机蓝莓，宝康与杰诚的差异在于入场时间。1999 年，杰诚到黄岛选址时，蓝莓为人所不知；十多年后，黄岛蓝莓蔚然成风，并作为农业产业化的一种特色水果经营，此时的投资风险已与 21 世纪之初不同。于是，宝康一次性拿了 3 060 多亩土地。

宝康园区占地 3 000 余亩，其中，蓝莓的种植面积有 2 000 多亩，其他土地或用作基础道路，或用作生产车间，另有小部分因地势不易利用的土地，"目

前来说,单片种植面积应该是省内最大的"。

2013 年 6 月 8 日，宝康获得中国国际蓝莓大会组委会颁发的"中国蓝莓全产业链优秀企业"。全产业链意味着对蓝莓多方位的深加工技术处理,这也是宝康自创业伊始就确定的思路，安仲强说："蓝莓花青素加工是我们全产业链加工的一个小目标，我们后期要做特膳食品。目前，已经辟了一个车间，特膳食品车间的图纸已经完成。"

开发特膳食品是宝康进一步的方向。在宝康最初申请的经营范围里，除种植、销售造林苗、城镇绿化苗、经济林苗、花卉以外，另有生产、销售固体饮料类一项。这意味着蓝莓花青素提取后生产的片剂仍属食品范畴，而"特膳食品是针对特定人群,可以宣传功效"。

特膳食品是为特定（特殊）人群提供特殊营养的一种食品，它提供的通常是从日常膳食里摄取量较少的营养成分。作为现代科技的食补食疗，特膳食

品可以在一定程度上调节机体功能，降低代谢负担。安仲强说，基于现实情况，目前推广的仍是花青素的功效，不能就具体产品功效进行宣传。由单纯花青素研发提取，进入到特膳食品生产，面向的市场与人群将大不相同，这也是从农业里走出传统的一条现代之路。

“特膳食品介于药品和保健食品中间”，安仲强介绍称，宝康目前对特膳食品研发的基础方向主要是针对糖尿病、心脑血管疾病，“花青素功效非常广泛，有十几种不同的优化人体机能的作用。目前，我们的三款花青素产品中，一种侧重美容养颜，一种护眼明目，一种以延缓衰老为方向。其实，所有的花青素都具有相对一致的作用，只是产品中花青素的具体含量会有差异”。将蓝莓通过深加工实现产业化、科技化，除了自身持续经营了十几年种植园区与加工提取技术研发外，宝康经营的另一条线索在于线下渠道，“基本以分享式销售为主”。

与紫薯、枸杞、桑葚花青素最大的区别是，蓝莓的花色苷含量丰富。业界普遍认知，花色苷越高，抗氧化能力越强。进入宝康公司之前，安仲强已通过朋友了解到蓝莓花青素的一些作用以及宝康在蓝莓花青素提取方面的工作。他起先的计划只是想做宝康蓝莓花青素片剂方面的“小代理”，但经过再三考虑，他加入宝康公司，“想跟着一起做一些事情”。

通过生物技术，从蓝莓鲜果里提取花青素，一方面是为了解决食用时吸收率的问题，另一方面仍与蓝莓鲜果上市周期不能全时段覆盖有关。尽管在种植方面通过暖棚和冷棚的温室架设，提早实现了蓝莓上市，从而使果期变长；尽管冷藏保鲜技术能够保证一些水果在一定限度内实现较长期保存，但蓝莓属于浆果，存储期仍然受限。也就是说，在通过深加工将其转化为更易储存、更易流通、更易吸收的产品之前，蓝莓仍属时令水果，它更高的附加值需要从单纯水果的农业状态中跳脱出来，实现产业化。

“从蓝莓上市的时间段，到不同地域的产量情况，再到价格走势，我们都要了解。”分析市场的时候，安仲强过去累积的经验变得生动起来。智利、美国的蓝莓进入中国市场，时间差仅是一个方面，“最重要因素是生产成本低。国外大都采用农场化种植，机械采摘为主。中国基本以散户种植为主，像我们这样达到 1 000 亩以上规模的企业很少。另外，国内采摘仍然没有实现机械化，因此，人工采摘压力很大。”安仲强以他所在的园区举例，最高用工量可达 1 000 人，而欧美国家使用机械采摘，“3 个人就能管理 700 亩左右”。

“做有机蓝莓太累了，”安仲强不禁慨叹，“这么说吧，首先，有机蓝莓生产成本高，我们销售的一个方向是深加工，一个方向是面向超市销售鲜果。鲜果走超市的价格，明显要比散货高。”不过，宝康鲜果不像其他品牌一样直供超市，而是向国内较大规模的经销商供货。“因为超市要货量比较大，我们一家不可能满足超市一两个月的供货周期”。从南方，到北方，接近半年的供货周期均由经销商来完成，包装的时候，对于进超市的产品，就会使用专门的包装。安仲强说，宝康给超市供货的包装盒上面，详注了包括有机认证在内的多项宝康信息。“有机认证，每年必须认证一次。有的企业只在园区里辟出几十亩做有机蓝莓，在规模种植里完全做到有机的很少，我们园区全部经过了有机认证。”

农业的秘密

仅就种植规模而言，宝康的市场准备已与分散种植的农户不同，叠加生物技术进入深加工领域以后，进一步强化了经营策略。安仲强说，“我们只做线下”，除了蓝莓鲜果、蓝莓黄金素，宝康出品的蓝莓酒、蓝莓花茶等产品也以线下销售为核心，“虽然也有抖音小店，但线上只用作宣传”。

自设立公司、租赁土地、建设园区、种植苗木开始，宝康的市场定位就指

宝康
宝康农业

向深加工，与大多数蓝莓种植园相比不一样。“我们的理念不一样，种植的方法也不一样，从第一天种植开始，我们的土地有两年空窗期。”安仲强通过两年不种苗、用以改造土壤的实例，阐释有机种植的基础。通常而言，有机种植是指在植物成长过程中完全使用自然原料的种植方法，包括土壤改良、施肥和害虫控制等，核心要义是建立和恢复农业生态系统的生物多样性与良性循环，从而让农业实现可持续发展。

到宝康以前，安仲强就从事农业生产，且对有机种植有相当热情，那是浅加工的一次理想尝试。此前，他自己承包土地，种了 1 000 亩花生，“当时没有深加工，只是做低端的加工 —— 榨油”。回顾自己种花生的经验，安仲强总结道：“没有做品牌，可能方向也不太对。”他把种植要求告诉农民，待花生收获，再按照高于市价的标准回购，然后压榨出花生油，完成销售，“当时我把地拿下来以后，与老百姓签订合同，与他们约定化肥、农药的用量，最后回购”。安仲强原计划用这种看上去颇是可控的理想方式管理有机花生。很快，他发现老百姓在约定了人工除草后却喷洒了除草剂，由于“不可能一天 24 小时盯着，最后失败了”。

安仲强希望尝试一种在生产过程中降低农药化肥用量的耕种思路，“减少人为干预，模拟自然”。可是，种植户各有各的算盘，无法一一盯位。两年后，他的“理想国”不在了。他讲述这段经历时充满了回忆，那些艰难在一定程度上影响了他，不是改变了他。

“我们园区的草特别厚实，有机的意思就是尽量减少人工干预，从除草环节到肥料施用等。所以，我们的蓝莓摘下来口感就很不一样，稍微偏酸一点，这是对的。大家都知道，浆果基本上都带有酸的口味，要是完全不酸，或者甜到一定程度，就失去蓝莓原有的风味了”。除了口感的原真性，有机蓝莓另一个特点就是耐储存。“因生长周期长，同一个品种，在我们基地结出果实的果皮硬度就大，硬度越大，就越耐运输。”

在自身的有机情结和宝康有机理念的双重作用下，安仲强沉浸其中。“目前，做有机的优势不太明显，但是，将来会是主流方向。我们在供货的时候，尤其在进超市的时候，明显感觉到有机对我们太重要了。有机是一种趋势，将来食品市场一定是这样。慢慢地，一些不健康的东西就会被去除掉。市场需要什么东西的时候，老百姓就会怎么做。”随着人们的健康意识越来越高，对健康越来越重视，市场对有机的认可也会越高。安仲强畅想的是，未来，健康产业甚至会成为整个国家的支柱产业，“比现在的房地产的市场地位还要高”。

2022 年，宝康出品的宝山宝康蓝莓黄金素入选山东省农业农村厅公布的第七批山东省知名农产品企业产品品牌公示名单。2022 年 12 月 31 日，青岛市农业农村局公布 2022 年度监测合格市级龙头企业名单，宝康名列其中。近年来，青岛西海岸新区就业农村局围绕扶持政策、推广营销、壮大品牌、质量监管等环节，打造农业品牌集群，发挥品牌引领作用，推动供需结构升级，以塑造竞争新优势。农村局在印发的 2022 年工作要点通知里，就提出“持续发展特色现代农业，大力提升蓝莓等亿级特色农业产业链，完善农业品牌扶持政策，支持蓝莓等农业品牌培育、宣传、推介，提高农产品知名度、美誉度。实施农产品品种培优、品质提升、品牌打造和标准化生产行动，加大农产品地理标志和绿色食品培育力度，争取新区更多农产品进入‘青岛农品’品牌矩阵”。整个西海岸新区现有的蓝莓种植面积中，已有 6 000 公顷列入中华人民共和国农业农村部公共监督管理的全国名特优新农产品名录，宝康与青岛东港食品有限公司、青岛蓝之峰现代农业有限公司、青岛海发隆辉农业开发有限公司、青岛杰诚食品有限公司、青岛森茂常源生态农业有限公司以及青岛森咖生态农业科技开发有限公司共同使用 CAQS-MTYX-20210347 这一认定证书编号。

从办公室回到园区以前，安仲强说，他想围绕蓝莓做几期视频节目，把自己知道的与蓝莓有关的事情与大众分享。第一个问题，蓝莓需不需要洗？第二个问题，蓝莓粉是不是花青素？第三个问题，吃蓝莓的时候，一次性吃两颗，口感最好吗？与强调有机一样，安仲强认为，应尽可能就蓝莓知识做一定层面的普及，因为“现在很多视频平台上，博主为了营销蓝莓，对消费者会有一些误导”。

走出空调办公室，到了地头田间，安仲强几乎瞬时就放松下来。此前，他在办公室里谈说的更接近范本，像“从2011年拿地的第一天开始，土地就有两年空窗期，我们没有种苗，以改良土地”“研发很困难，像我们这样掌握花青素提取技术的企业很少，后期还会做特膳食品”“现在做有机不明显，将来却是主流方向”……他把企业获奖、捐款的扫描文件拿出来，介绍有机种植和深加工的理念与趋势，不外乎表达全面的自信。田间漫游，鲜果丰获，安仲强不时分享喜悦，“这不就是枝繁叶茂嘛”。最打动人的还不是这些，而是他对杂草的礼赞——“这些草，可以保持地表湿度，腐烂后又可以产生有机质，还可以分担害虫侵害”。从他这些话里，仿佛生出了一种土壤，里面是农业的秘密。

周转箱

6月，是黄岛露天蓝莓上市的旺季，青岛宝林农产品有限公司负责人夏文森自己联络了采摘工人，在满目绿色的蓝莓种植园里劳作。山谷起伏不平，远处是白色的风车与电塔，近处是刘瑞花与其他200多位工友采摘下的一筐筐紫色蓝莓。每一筐蓝莓上面都附有一张纸片，写着采摘工人的名字，以便计算工酬。小周转箱套在大周转箱里面，形成特有的丰收阵列，甚是喜人。

每年到了这个时间，采摘工人都供不应求。供需关系紧张到当地工人无法满足市场的实际要求，于是，大量劳动力从外地输入。这一次，夏文森招募的工人主要来自安徽和山东临沂。

“人工是个大问题”，夏文森叹了口气，室外的蝉声也跟着鸣起。“采摘工人大都来自外地，而且，外地工人现在也很麻烦”，夏文森讲了他招工、用工遇到的困扰：“我先从安徽找了一车（采摘工人），不来了。又从莒南找了两车，在日照被截去了。最后从河北找了一车，她们一下车，我就知道不会干。”笑着说起这些事情，夏文森仍难掩无奈：“小姑娘背着包，穿着连衣裙，踩着高跟鞋，戴着小礼帽，一看像旅游团。”

露天蓝莓采摘的用工难不是夏文森一个人遇到的情况，它似乎已发展为结构性问题。夏文森说，暖棚、冷棚等温室阶段，用工问题还不突出。那候，整体气温不高，果实成熟慢，蓝莓的上市周期被拉长，“从开始到结束，将近一个半月。到了露天大田的蓝莓，成熟是一起形成的，所以，用工就集中、紧俏了”。

2010 年 6 月，夏文森到黄岛实地考察土地，两个月后，注册成立了青岛宝林农产品有限公司（以下简称宝林），在宝山镇李家沟租赁了土地，从此与蓝莓打上了交道。“当年在宝山，具备一定规模的蓝莓种植园区，我的既不算小，也不算晚。那时候，用工便宜，问题还不突出。”现在的收获忙碌期，夏文森一天需要支付的人工费就有 4 万多元。他算了算，150 元基本工资，另有 15 元加班费、20 元车费，以及后期运输等辅助人员的工资 10 元，还有 5 元补贴，一个人工的成本整整 200 元。而以前，80 块钱就够了。

因常年使用安徽籍工人，夏文森了解到，2020 年时，同样的劳动情况，安徽当地工资 60 元 / 天，2021 年涨到了 80 元 / 天。对比在黄岛实际发生的人工费，夏文森只能说：“没有办法，市场就是这种情况。”

从 2010 年 6 月开始，夏文森通过三次土地流转，租得李家沟农田 810 亩，用来种植蓝莓。“我来这里最早，这个地方人口少，地多，老百姓就愿意流转。村委把土地集中起来，流转给我，要是现在流转，恐怕这种成方连片的地块就不多了。”夏文森的园区以露天蓝莓为主，因种植面积巨大，产量高，他的销售方式也主要用于批发。在高峰期一天出货量接近 20 吨。如果零散发货，“就卖不迭了”。夏文森说，到了 7 月初，南方基本没有蓝莓可售，收购商就相继北上。而哪怕是日照蓝莓，也比黄岛上市要早一个礼拜。

夏文森的销售方向十分明确，主要面向东北三省和上海。夏文森说，这两个地区都不要散货，都需要包装。不同的是，上海方向要求小盒精装，东北方向是普通大盒。此外，除了大宗发货，遇到有些千八百斤需求的收购散户，夏文森也会根据情况配合。

露天蓝莓上市初期，夏文森的出货单价在二十几块钱一斤。随着市场供应量增加，蓝莓价格也逐渐走低。告别鲜果销售期，到尾果阶段，只能做原料果，用以加工酒和醋，出货价就变成几块钱一斤了。“这时候，就不能再以采摘初期的 20 多元乘以出货量，那将是一个天文数字，”夏文森认为账该这么算，“往往很多人以最高量乘以最高价，这是不对的。蓝莓采摘初期，价格高，但产量低；后期，产量高，可价格也变低了。”

行业发展到一定程度，市场做起来，价格自然改变。这是夏文森身在其中的心态，也是大多数黄岛蓝莓种植者的心态，面对市场，接受市场，适应市场。接受价格变化不仅体现在一个采摘季内不同时段的价格变化，从 1999 年蓝莓在黄岛扎根到现在已有 20 多年，接受蓝莓在这一阶段的价格变化也是规律的一部分。“以前，蓝莓价格高，人工费低，利润大；现在，价格变低了，也正常，因为市场上的蓝莓多了。物以稀为贵，以前上百块钱一斤，但那时市场率不行，它还不是大众水果，多数人花上百块钱买一斤蓝莓吃，还是不舍得。现在蓝莓成了大众水果，普通工薪阶层，带着孩子逛街时买点蓝莓很正常。”也就是过去价格高，但市场基数不行，今天价格变低，可是市场结构变大了。就整体经营来说，夏文森认为，自己现在的情况与十年前相比也差不多，“前期虽然价格高，但果树小，产量低，现在价格低，产量却提高了”。

春夏秋冬，不同季节有不同的气候。农业里，也有因时因地发生的转变。过去，都觉得山地不好用，不方便种粮食。“现在反过来了，平原地种粮食可

以，像蓝莓这种经济效益更高的鲜果，却不适合了。”黄岛所在的地理位置有种植蓝莓的天然优势。“2010 年 6 月，这块土地还没有流转的时候，我来考察蓝莓种植。碰巧这里连续一个礼拜下雨，我发现它们土壤渗透性好，又找来专家帮助判断，也得出了同样的结论。”

“宝山的土质尤其好，沙壤土，适合种蓝莓。比如下雨，不论下一天还是一个礼拜的雨，第二天就可以下地工作。到了张家楼，情况就差些。下半天雨，就进不去人，那里土壤黏度大一些。”夏文森认为，同样在黄岛，区位稍有不同，土壤也会有差异。宝山是丘陵，张家楼多是平原，两地土壤就不一样。“口感与土壤条件绝对有关系。决定蓝莓这种水果品质的原因里面，土壤是最重要的，管理是另一方面。”从宝山到张家楼，相距 30 多千米，局部小气候也有差异，夏文森表示这也是影响蓝莓的其中一个因素。“拿天气来说，宝山与张家楼有 2~3 摄氏度的温差。同一纬度，昼夜温差越大，蓝莓品质越好。注意看地图，宝山在西海岸是最高点，几条主要河流的源头也在宝山。所以，这里温差比其他地方要大一些。”

有一天晚饭后，夏文森出门遛弯，“看见路边有个老头守着两筐蓝莓，摆着卖。我问他哪里的蓝莓，他说宝山的。我又问他具体宝山哪里的，他答不上来了。最后只好承认来自东北。在青岛地区，没有说张家楼的，没有说六汪的，没有说藏马的，不管哪家蓝莓，都说是宝山的”。慢慢地，宝山蓝莓成为优异品质蓝莓的代名词。同时，这也意味着宝山蓝莓需要承受更多考验。

近年来，宝山镇不遗余力推广蓝莓，夏文森觉得，2021 年是“打得最响的一年”。2021 年，宝山镇政府与蓝莓协会携手，并邀约专家与媒体带着当地企业与农户远赴兰州、西安、深圳、上海等地，在全国掀起一股蓝色风暴。看着宝山镇做的这些工作，如此重视蓝莓宣传与品控，夏文森相当感动。不过，正因为很多蓝莓借用或冒用宝山蓝莓之名，一旦对方出现丝毫问题，都会影响到宝山蓝莓。“现在大公司、大基地，基本上都是绿色做法，农药是坚决不可能使用的，化肥、违禁药也不用，要保证蓝莓品质，保证自然成熟，应该能做到。不过，总有个别情况。有些果子，当天摘下来发货，第二天‘屁股’就长毛了。这很可能是药物过量。自然成熟，也应该自然腐烂。要是自然成熟，不会出现这种情况。”

难免有不规范的种植者，以及有些隐蔽的农药残留不能快速检测出。夏文森说，2020 年，有一个朋友到他那儿喝茶，他拿了蓝莓出来，对方说不吃。朋友接着说，前一天晚上看电视上有人吃了蓝莓过敏，上吐下泻。夏文森判断，是遇到有问题的果子了。另有一次，夏文森的一个朋友打来电话，问他，奥尼尔是什么味儿？昨天有人送了我一盒，怎么是塑料味？夏文森说，挖个坑，埋了吧。“宝山把蓝莓保护好了，其他地方能不能也保护好呢？”这已经不是夏文森一个人需要思考的问题。

“搞农业，说到底，也是靠天吃饭，确实很辛苦。”2010 年种植，2014 年才大面积结果，一等就是三年。“前三年，只有投入，没有收入，必须等蓝莓长起来，才有结果。所以说，农业和工业不一样：工厂投上钱，一年就看见了，一年就起来了；农业却不是这样。”夏文涛说，就他园区的规模，“施一次肥要几十万，那些改善蓝莓土壤的材料也都是从大连搭船转至烟台再运来，投入几十万块，埋到地里什么也看不见，而且，每年的有机肥也都是看不见的成本。忙活一年，辛苦一年，就等着 6~7 月份有点收入。一旦老天爷不叫你收，就麻烦了。关于农业，很多人没做之前会有很多想象，实际做了，才知道到处是风险”。

另外，国内蓝莓种植管理主要还是纯人工作业。蓝莓收入里，大多半付给人工了。要使人工成本降下去，才有机会真正接近蓝莓的产业化。夏文森曾看过一个智利、美国蓝莓工厂化管理的视频，“一个园区上万亩，整个作业全部机械化，从追肥、浇水，到采摘、分拣，为什么过年时进口的蓝莓便宜呢？它的人工成本低啊”。

蓝莓在国内发展了二三十年，直到现在，仍属于劳动密集型农业。夏文森谈到 2020 年的尾果售价时说原料果 3 元 / 斤，几乎刚够人工成本。

“一个人工，一天能采摘 80~100 斤（蓝莓）。一筐大约 25 斤，能采 4 筐左右。”2021 年，进入摘果期，夏文森采用包工方式。“摘一斤 1.9 元，最多的一个人一天挣了 460 多元。当然，那个人开工早，早晨不到 5 点就开始，中午吃完饭，别人还在休息，她就去干活了，劳动时间长。”包工就不再计时，夏文森说，有些劳工也眼馋别人一天挣多少钱，但让她们包工，却不愿意了。

采摘阶段的用工成本越来越高，夏文森也琢磨着成本控制之法。市场价格不因个人而改变，他就使用相对固定工人的方法，采摘效率提高了，成本也在一定范围内得到控制。夏文森用工相对固定，不仅仅一个采摘季固定，“今年在我这里摘，一般明年也会回来。每个人都带着自己的筐子，一个组二十几个人，一共二十几组，每组一个组长，这样就不会乱哄哄的，开工也有秩序”。

除了蓝莓集中上市的采摘期，夏文森需要大量人工，其他时间，他的810亩园区用工不多，二三十人就能保证日常维护。另外，到了剪枝阶段，会额外再请一些人。

长线投资

从2010年开始，夏文森签订的土地租期为50年，到2060年到期。“做农业，是长线投资，前期三年没有收入。等循环起来，就好一些。”三年等待期是为了更优质的结果。“咱得考虑持续发展，让树生长，今年有果实，明年、后年还要有果实，需按规律来。不能蓝莓苗刚开始还在生长阶段，就让它结果，这样的话，树就累死了。”到了第四个年头，2014年，夏文森的园区开始集中出货。有了收入，他继续执行每年支付一次租金的约定，“这时，压力就小很多了。”

有了持续性收入，夏文森不仅自己的压力小了，也为李家沟一些村民增收了，宝林与同样在李家沟租地成立的宝康一起，为李家沟村民提供了一些就业机会，“我们这两个蓝莓园还没来之前，这里（李家沟）没有做小买卖的。建了蓝莓园以后，做小买卖的人多了起来。”夏文森说，以前，六七十岁的农村人，他们有时间，就是闲着，现在到蓝莓园里工作，家里的活儿也不耽误，有了收入，老人不用向子女伸手要钱，“解决了农民的零花钱”。农民手里有钱了，过去常常出现的一些家庭纠纷也会因之避免。一定程度上，提供灵活就业亦

是乡村治理的一种方法。

在黄岛，蓝莓产业对末端带动很大。目前年纪大一点的农民很少再出去打工。“现在呢，一年到头有活干。家里没事情的话，就来上班。一天八小时，一个月挣两三千块钱。不必像工厂那么定式，一个萝卜一个坑。假如一个人不能来，岗位就缺人了。咱这儿是松散式的，家里临时有事情，或者来了客人，可以灵活变通，对农民确实是件好事情。在家门口上班，这是工厂不能实现的。我们这件事情，比如拔草，多一个人就多拔两棵，少一个人就少拔几棵……”夏文森的话里，还透着另一层意思，即农业是持续性的事情，永远有干不完的活儿。

与徐连明一样，夏文森也是大园区种植者。他们一致认为，参与到蓝莓产业里的种植户越多，对蓝莓品质的把控就要更严格、更细致。不论大小，每一家种植户都有责任全力以赴把握品质，“就怕这么多蓝莓种植户，不能全部充分认识到这个问题”。他们担心假设有一两家种植户的蓝莓出现问题，造成安全事故，对整个行业就是绝对打击。范围具体到地域，“假设一个村子、一个企业出了问题，地区关联性太大了”。夏文森更进一步的忧心是，家家户户都种蓝莓，不是一件好事情。尽管规模上来了，但质量变得不可控，“全民搞一个行业，这个行业就很危险”。

种植上有没有边际效应问题？夏文森认为是存在的。他觉得宝山蓝莓现在两三万亩的种植面积有点多了，“严重造成了用工问题，减掉一半，也许就好办了”。可是他也清楚，全民种植确实对农村经济有带动，“有利有弊，只能看弊大于利还是利大于弊。”

对于政府通过补贴鼓励农民参与蓝莓种植的办法，夏文森认为这是政府在干预经济，并以自己的经验提出一种政府干预经济的方案：“有的种植户种一亩、两亩，卖一筐、两筐，导致从管理上保证整个行业不出问题，很难。每家每户可以把土地流转出来，政府再将其流转给几个大户，进行规模化经营。”“每个农户有几亩、十几亩地，土地流转后，每年租金也很可观。并且，不管天气如何，都是稳定的收入。另外，还可以再到大园区上班打工，一年收入也不少。”

提出这一“方案”，与夏文森面对的具体现实有关。“种二三亩蓝莓的小散户太多，给大基地经营带来了很大困难。他们的优势比大园区大多了。”种植散户的土地是个人的，没有租金。就用工来说，基本没有额外负担，夫妻两个人就能把农活完成。在夏文森以及很多大园区的投资者看来，土地租金和采摘用工是种植散户的极大优势，归结到底，令大园区苦恼的根本仍在用工。种植散户因日常不需雇工，只有在繁忙不过的时候，临时找几个人帮忙，以解燃眉。“这时候，他们出的价格如果与大园区一样，肯定找不到人，因为时间短，没有连续性。所以，他们就会把用工价格上提。对干活的人来说，哪里价格高就去哪儿，大园区没法儿跟着散户走。”夏文森倾向认为，是小散户抬升了用工价格。三四年以前，工人用工工资 10 元 / 小时。两三年以前，散户给出的价格是 8 小时 100 元。到了 2021 年，一小时工资涨到了 15 元、17 元，甚至还有 20 元 / 小时，“这就是小散户干的好事儿。现在，宝山的人工采摘价格最高，张家楼、六汪的用工价格就低很多。那里为什么这样？因为那里基本没有小散户，主要是几个大公司，人工费就变得基本稳定。”

夏文森希望看到一种良性循环：整个黄岛蓝莓产业里，既有企业、合作社，也有种植大户，还有一个个散户。它们各有合适的比例，而不是“几个大园子被小散户包围”的“农村包围城市”的状态。

夏文森的“大户”思维，也是李亚东对蓝莓行业的判断：“在全产业链生产企业主导、布局和掌握鲜果市场前提下，‘家庭农场’和‘种植大户’将成为主要生产模式。”不过，李亚东也指出，全产业链并非指企业的全产业，“企业不可能做到研发、种植、营销面面俱到，这里是指产业的全产业链，产业发展分工要明确。科研单位去研发，农户去种植，企业去销售”。

事实上，蓝莓种植面积的大小并无定规。通常，参照国外蓝莓产业发展的规模，一个蓝莓种植园以500亩左右为比较适宜。这种规模既可以有效利用蓝莓园区的管理费用，也能够兼顾人工等制约因素。具体操作时，结合中国的实际情况，单一园区的经营规模可以适当缩小。至于以家庭为单位的蓝莓种植户，由于管理层次少，技术支持可以与其他种植户共享，其种植规模更灵活多样。不过，若考虑参与蓝莓产业化的全过程，种植规模也不宜过小，规模过小不能形成一定的经济产量，并且会为采摘后的设施配套、销售环节带来困扰，影响种植效益不说，还将对整个局部市场产生非正向影响。

最后的农民

“不（生）长，也不死，成为僵尸苗。”露天大面积种植又缺乏精耕细作的蓝莓常常会改变原有土地的样貌，变成荒地，“分不清哪些是草，哪些是蓝莓”。王连明不是蓝莓种植户，但他也发觉了农业产业化后出现的夹生现象——“露天种植户很多是懒人，钱也都给上游的蓝莓苗供应商赚了，最小的一棵苗也要12元，如果疏于管理，怎么种也结不出果实。”

他说起认识的一个蓝莓种植户，那人有三个规模不大的棚，种了三年未见结果，就请人诊看。问还得几年才结出果？来人对他竖起一根手指。他迟疑了一下，说：“还得十年？”来人答：“不是，一辈子。”王连明递出的这个故事以及其他故事，不全是看客心态，更多的表达在于农民对农业应有的态度。“以种果园来说，一年下来要打五六次药，少了一次就会反应在果子上。这个药有时候并不是只针对虫害，果树有时也需要治病，如腐烂病等。如果打药及时，就不产生这种病害了。那么，药打得不及时呢？慢慢果树就得病了，这就难治了。它结出的果子也就不行。”

讲这些的时候，太阳正烈，王连明刚刚把手扶拖拉机的轮胎换好，坐在路边的车斗上面歇息。一会儿，他又回到自己的八分地里，一犁一犁耕作着。对他们来说，一旦用纯粹经济学思维计算种地的得与失、思考投资回报的周期，就要面对去农业化的现实。那时候，农业的周期性就会发生变化，这或是最大遗憾。

从王连明的八分地向东远望，有一块不规则的土地，王家小庄的一位村民在村前承包了它。十年期租金17 000元，一次缴清只需半价8 500元。对这块缺乏平整并不适宜耕种的土地来说，年近八旬的承包者就是它最恰宜的伙伴。他根据地形展开垦种，相对平整的两块收获了花生，田脊处种了几畦地瓜，临近公路的一块地栽种了板栗，边边角角几乎没有无用的地方。

其实，它们织就的丰获远非表面所见的那般浪漫。人们耕种土地的同时，从未间断与杂草、鼠虫、旱涝、懒惰以及其他约束性条约进行斗争。技术、经验、机械、农药大部分时候都能占据上风，但也有无能无力的时候。

有一年，雨水多且勤，加之地势低洼，王兆聚的花生就歉收了。“涝得很明显，我是单棵往外拔的。你看，这些果子，长得不小，但还是干瘪。”对真正的农民来说，收获是无时无刻的，歉收也是收获，柴草也是收获。在农业的智慧里，收获有着自由主义的意识和传统。他琢磨着如何善待土地，他也知道如何利用土地，“花生品种两年一换，小麦品种两年一换，苞米品种一年一换……从其他地方弄来品种，给它换换土头。”

五年下来，王兆聚在蓝莓种植里面投入了差不多20万元。按通常的算法，蓝莓纵向株距1米、横向株距2米，每亩地平均栽种300棵。移栽的果苗扎根长大开始结果，按种植户平均收成，一棵树能收5斤果实。王兆聚的计算是，自己的冷棚占地约2亩，每斤蓝莓如果以20元售出，一年可收入6万元。这是农民天性的保守算法，因为总会出现替换品种的间歇期；这也是农民天性的理想算法，影响价格的因素众多，未必每年都能实现20元/斤的售价。

最初,王兆聚的蓝莓大棚内有六七个品种,有酸的,有甜的。2019 年冬天,他计划把不耐存的品种替换为两犁薄雾,“不换品种不行,薄雾个头大,耐存,商贩喜欢这种。”

蓝莓品种的升级换代已是整个产业的核心问题。未来,价格杠杆因素将进一步驱动种植者对蓝莓品种进行更新换代,那些生产效能不高的品种将被逐步代替。2021 年国际蓝莓协会报告中指出,中国是目前唯一还在利用“低档次品种”种植生产蓝莓的国家。据李亚东介绍,东北地区早期发展的“北陆”品种,具有早熟、高产和容易管理等优点,成为 2015 年以前大面积发展的主导品种。但由于果实小、果肉软、耐储存能力差,近几年销售价格一路下滑,鲜果批发价格仅相当于优质品种“都克”的 1/2 左右。李亚东认为,市场的自发调节作用,会将那些生产效能不高的落后品种逐渐淘汰。

王兆聚更新蓝莓品种,即是市场的具体反应。后来,因新冠肺炎疫情初期交通的封锁,王兆聚原计划冬天栽种的蓝莓苗不得不推延到春天。通常,就蓝莓种植来说,一年最适合的时期有两个:一是花和叶展开前的 3 月中旬至 4 月上旬;一是在采摘后植株进入休眠状态、开始贮存营养的 9 月中旬至 10 月中旬。对比冬天和春天栽种的蓝莓情况,王兆聚说:“冬天种下的苗扎根好。春天大部分养料都供给叶子了,虽说只隔了几个月,扎根的状态就不理想。”

同样感到不理想的还有苏忠富的妻子。74 岁的苏忠富和妻子在自己的蓝莓“基地”里发生了短暂争执。妻子想充分利用一小块边角地种几棵黄豆,苏忠富觉得已经种了地瓜,黄豆即便栽种,也长不成气候。

大约七年前,苏忠富夫妻二人跟着本地的产业趋势种植蓝莓。他们和山地打了一辈子交道,“种地根本不来钱。庄户人都不敢种地了。自己种点吃拉倒,宁愿荒着也不敢种地了”。投入产出没账可算是一个普遍心态。看到蓝莓种植在当地渐渐成势,关键是蓝莓亩产值远高于小麦、玉米等农作物,于是,凭着自己家的口粮田不用交租的优势,夫妻俩投入建设了一个冬暖大棚,

包括打井在内，种种成本合计超过了 30 万。

这些年，苏忠富并没有从蓝莓生产销售中赚到多少钱，“眼看着我们俩不能干了，本儿都拿不回来”。苏忠富的妻子说，他们年纪大了，腰腿疼痛等老年病越来越明显，又不会管理，“今年什么都没弄着”。有一天，他们忘记给大棚通风，大部分果子就闷落了。至于道路另一侧露天种植的部分，今年没有用蜜蜂授粉，结出的果实也不理想。唠叨几句，两个人还是得守在自己的“基地”里，“没办法，迈上这条腿了，没办法”，只能继续下去。

第四章

产业层次

边　界

经过大片田地、一段辟有通路的树林，看到那些堆叠的草垛和柴垛的时候，村庄就到了。它们布列于村头村尾，很接近地图上标注的山丘与海岛，意味着边界。

草垛也是一种应季的收获。农人颗粒归仓的同时，也会把失去水分的秸秆、枝条带回家，生火煮饭，成就炊烟。这也是乡愁非常具象的部分。

随着社会发展、生活改善、意识醒觉，秸秆还田慢慢普遍，随着煤气、天然气的改用以及旋耕等动力机械的田间使用，用以烧火做饭的草垛渐渐少了。它们显示出的自然生态往往被解释为贫困的象征，为一些治理规范所不接受，再也不是捉迷藏的乐园。

山谷里，每一个村庄的家园范围都很大。即使太阳升高后看似全面占领大窝洛的上午，也总有一些不受太阳干扰的荫翳之地。又或者,这些背阴之处,原本就是日月彼此预留的空间。

在寻不得边界的田垄间,确然可以理解“夏虫不可以语冰”。但是,要是时间间隔不那么长,虫鸣、蝉声、狗吠、鸡叫,以及云雀或者其他不知名鸦雀的声音,总能混在一起,更有躲在草垛里不现真身,一会儿保持安静一会儿又耐不住寂寞的自然万物。

也许,这里最丰富多样的不是虫鸟,而是风。山谷里的风除了摆动风车以外,它还触及云朵、树梢、树叶、玉米秸秆、杂草,包括另一阵风。一阵风影响另一阵风,它们共同围筑起山谷的无形边界。

问大窝洛一位收地瓜的陈姓村民,这儿为什么叫大窝洛?他说对历史不感兴趣。又说1973年冬天,山上修水库,他便从山上的林子村移民到此。他的距离感中,几千米以外安家就是移民。40多年过去,他的言语间仍透着飘零的无所归依。

不管怎么说,山村的变化缓慢,硬如石头,人力起的作用尚不足以撼动它的根基。大窝洛大部分街巷没有硬化,废水走街串巷,形成特别的“河道”,最后汇入围子沟渠里,垫几块石头,就是过路的桥。

快要正午的时候,从东宅科村乘鲁B U3815公交车返回宝山镇政府驻地。午后,又一次乘车,巧合的是同一辆。等车时,看到待宰的羊羔躺在一辆过路车的车厢里,时不时咩咩几声,一贯的温和,不过,也有长嘶的时刻,不知是被束缚久了,还是心觉将要面对苦痛。

乘这班车,从董庄到白家屯,对很多人来说,是一条弯路。沿路起起伏伏,状似波浪,有的地块栽种着烟叶,有的地块探出芋头叶子。接近村庄,就是吊瓜的主场。它们到处都是,生长自由。农人似乎也不太在意它们的经济价值,毕竟产量虽然不大,但足够自家使用。至于销售出卖,好像也没有什么去处。家家户户利用夼地里的边角料,就能生产出充分的吊瓜、葫芦……

总之,山谷里到处都是线索。等待是出行的线索,收获是播种的线索,黄

昏可能是昙花一现的线索。

秋叶变黄的速度很快，短短几天，有些树木的绿意就消逝，叶片大面积泛黄，一些树叶的边缘甚至像是粘住了焦糖，它们串在一起，等待风的召唤。

几条通行汽车的主干道以外，山村与山村相连的道路都很狭长，但向前望去，一眼就把路看断——道路不见了。继续往前走，眼睛开始低垂的时候，路又开始延绵。这是崎岖的馈赠。

山村里的路尽是如此。

沿着为便利种植而辟出的柏油山路行走，这种不平整进一步增扩了山谷的丰饶。道路两侧或是种植的作物，或是围起果园的篱笆和荆棘，它们一齐参与着山路的舞蹈，摇摆、倾斜、侧身，心甘情愿漫步其中，是再好不过的观光体验。

山坡上，或者山沟里，或者山脊的某一方土地上，不时见到负责颗粒归仓、平整土地的农人。偶然与他们说几句话，他们便停下手头的活计，坐下来，磕磕灌进鞋子里的土，聊几句像英国人谈论天气那样关于丰歉的家常，话匣子就打开了。后知后觉，过了一阵子，才意识到，他们就是我步调过程中要寻找的优美句子，既浪漫淳朴，又疲倦自然。

至于丰收带来的喜悦，他们身上不轻易有体现。收种对他们来说已是习惯，是日复一日年复一年的总结，多收获一些固然可喜，但歉收也不是多么不可接受。对大部分仍然与土地打交道的农民来说，种粮食更像不忍遗忘的记忆，谁都知道挣不了几个钱。但冬去春来，时间的规律就这么简单。

我并不知道怎样描述面对土地的情感，但我知道，贴近它的时候，能够感觉到自己的蠢蠢欲动。很久很久，没有闻到玉米秸秆的风味了。必须是一片玉米地收割之后才会叠加产生那种起初不易接受、后来深觉优雅的沉沉香气。当然，里面有明显受记忆变浅的影响，因为难寻难觅难见，故不由自主地为它打光。

土地伦理

山村各异，衰老却是一致的物理意义上的美学。六七十岁的村民都不愿回到这里长期居住，“孤零零地不方便”，除非不得已要收获院墙外意外长出的吊瓜。在他们眼里，留在山村里的都是80岁以上的老人。他们既把自己排除出年轻人的阵列，又未归入老人的阵营。

如果说与退休的城市人有什么不同，那么，就是他们拥有土地。但是，他们知道儿女“不乐意回来了”，更没有兴趣继承他们的土地。这是城市与乡村关系的另一种表达，也是另一种土地轮作。法国历史学家、年鉴学派代表人物费尔南·布罗代尔在《乡村是经济基础》一文中曾解析过文明是多种成分、多种因素的总和，“土地轮作制并不是独立的存在，并不单独进行变迁，它是一种经济乃至一种乡村文明的组成部分”。

作为农业生产力的一种，东南岭村的一部分土地以出卖或租赁的形式集中转让给更为精细化种植管理的蓝莓产业。“乡村振兴，产业先行”改变了人与土地的关系。对生态农业被浪漫化，利奥波德毫不留情地指出：“文明借助工业化带来的小玩意儿和中间商，扰乱了人与土地之间的基本关系，以至于人们开始对文明的意识渐渐模糊。”

东南岭地势较高，村后望去，地势逐渐走低。东北角一块地已经荒了几年，它的使用权人搬家进城，告别山村，暂且没有继续料理的意愿。山地本不规则，零散土地缺少集中管理的条件，又往往分散在边角，地力也称不上出色。随着一部分人拥抱城市，久而久之，这些不易集中的土地没有流转的市场，便荒废了。

由那儿向东北望去，山谷里更低洼处的一个小村庄，因人的主动放弃而荒废的土地就有40多亩。年迈的人没有能力耕种，年轻人又对传统农业提不起兴趣，然而，产业化的先进性又似乎不完全尊重土地伦理：一方面，它确然集中了土地、提高了效率，另一方面，它又制造了失地。

山谷里，荒地是再自然不过的事情。有的地原本荒芜，后人陆续开垦，才走出饥馑。东南岭向北再往东，就有一村，名曰“大荒”，代代流传至此，大略是字面的场景。

傍晚到了。17 点 7 分，喜鹊衔着一根树枝，飞到东南岭村后坐标为北纬 36° 0′ 9″、东经 119° 56′ 53″的中国联通信号塔上，鸣叫几声，望一望来路，又飞走，如此往复，复习着秋风。

经过一座废弃的架在半空的水渠时，为我开车的一位当地人向我介绍现在乡村治理所遇的情况，总有大大小小解决不完的问题：“现在人居环境整治特别严格，有时候周末有检查，就得靠在村子里，看到哪些地方不合适，就得迅速整改。”

沿路上，经过多家蓝莓种植园，荆棘围构的篱笆上面大都挂着“有机蓝莓”字样。

对宝山镇政府品牌发展办公室的工作人员来说，蓝莓季过去以后，他们就没那么忙碌了。虽然不参与直接生产，但他们相当一部分工作与蓝莓有关，除了针对蓝莓品质进行抽检、化验外，还要围绕蓝莓的推广、宣传做系列活动，以提振种植户的信心。

立足“中国蓝莓第一镇”发展定位的宝山镇有意让宝山蓝莓品牌化，因此，把控蓝莓品质成为一道核心关卡：抽检化验合格后，再向种植户发放追溯码，以保证每一份蓝莓果实都能溯源到地头。2022 年 4 月 19 日，宝山镇召开“消费助农 · 共创莓好”为主题的宝山蓝莓产销洽谈会，宝山镇副镇长周庆明、品牌发布办公室全体人员与麦德龙、海上嘉年华、家佳源等十余家采购商代表、种植户代表就蓝莓展开产销合作洽谈。周庆明着重介绍了宝山蓝莓品控的优势：“我们成立了专门品控监察小组，建立快速精准检测中心，对农药残留和果品质量进行监督检查。同时全面推行果品质量追溯系统，对每盒正规园

PH：4.0~8.0
腐植酸含量≥10%
机质含量≥25%
质量分
压缩)

区出产的蓝莓粘贴追溯码,链接产地园区。”

逻辑上看,抽检、化验、发放追溯码是简单可靠的流程,事实是,由于宝山镇的蓝莓种植散户占比较大,每一个种植户一个追溯码,实际操作的时候,数万亩蓝莓的种植户太多,不集中、分散的复杂性就凸显出来,对工作密度与精度的要求就高了。

追溯码为系统生成,蓝莓进入市场终端后,消费者通过扫码,就能知道自己购买食用的蓝莓产自哪一园区,信息详细到种植户的姓名、联系方式、园区照片等。为蓝莓追溯平台的搭建,宝山镇政府品牌发展办公室的工作人员前期做了很多工作。“信息填充时都很忙,两万多亩蓝莓,信息采集需要一家一户走访。”不过,他们也明白,这是一劳永逸的事情。“给园区制作追溯码,政府统一管理,比如说售出的蓝莓出现什么问题了,一扫码,即可找到园区。”不过,这仅限于盒装销售的蓝莓,那些作零售处理的蓝莓目前还无法整体纳入到追溯体系当中。

建立追溯体系,除了自身蓝莓品控,宝山镇的考虑还与其他地区蓝莓冒充宝山蓝莓有关。“现在,为宝山的蓝莓种植园区制作追溯码以后,外地蓝莓就没那么容易冒充了。”在黄岛蓝莓市场上,很多南方蓝莓也借地销售,但问其产地,都称宝山蓝莓。这是因为,蓝莓是灌木,喜好气候温凉、土壤肥沃、阳光充足的环境。尽管南方是天然温室,但南方土壤黏重,透气性差,雨水多时容易发生积水;而黄岛居北方,虽然冷,但土质佳,又能够通过暖棚和冷棚自主调节温度,因此在这里栽种的蓝莓口感更加丰满。不过,基于自然优势,南方蓝莓的成熟期比北方早,可以提早上市,这就形成了鲜果市场的南北之争。宝山镇倡设追溯码,一方面把控自身品质,另一方面也能对外来蓝莓的不正当竞争加以限制。

2018 年,宝山蓝莓获得国家地理标志认证,在增强自身品牌竞争力的同时,也伴生了其他地域出产的蓝莓借宝山蓝莓营销的现象。获得国家地理标志认证，对宝山蓝莓的平均价格有实际拉动。“到园区问一问蓝莓种植户，他们说一斤蓝莓售价会比去年上升十块钱。一斤涨十块钱就可以了，”在路上，宝山镇政府一位工作人员向我说起他所感受到的品牌溢价，“但是，到了后期，露天蓝莓的价格增长空间就没有那么大了。还是物以稀为贵。”

人是基础

薛素梅的身份难以定义。农民？职工？承包户？投资者？都有关，但都不准确。后来，一个念头告诉我，她是过来人。

虽然前一天晚上因看了捷克和丹麦、乌克兰和英格兰两场欧洲杯比赛致使与薛素梅见面的那个上午略略疲惫，但离开薛素梅的蓝莓种植园区时，未有乏意。

2010 年，通过土地流转，薛素梅在黄岛区宝山镇冷家村租下 500 多亩土地经营农业。“弄过来，才知道什么叫一脚踩着烂泥了。”其时，柳花泊到宝山还是沙子路，薛素梅从薛家岛来回宝山需绕道胶南，“好几次走着走着就迷路了”。

第二年，园区开始建设种植蓝莓。同年 11 月 18 日，薛素梅以大股东身份注册成立了青岛宝山生态农业科技有限公司。2012 年 2 月 17 日，青岛凤宝山蓝莓专业合作社又在薛素梅于冷家村租用的蓝莓园区内成立。这家农民专业合作经济组织的经营范围包括组织成员种植蓝莓、采购、供应成员所需的生产资料，组织采购、销售社员生产的蓝莓，开展成员所需的贮藏、包装服务，引进新技术、新品种，开展技术培训、技术交流和信息咨询服务等。

用了几年时间，薛素梅从一年来不了冷家村的蓝莓园区几次，到扎根这里，园区经营得颇有声色。“一切基础，人是基础。这里缺人，年轻人不来，年轻人嫌太寂寞。”她这样观察人的问题。“一旦到下游产品，只要鲜果是健康的，

不论大小，不用担心，可以调配，深加工一定会放大它的价值。”她这样看待产业链下游环节的潜力。“品牌真不在大小上，先有实质的品牌还是先走表象的品牌，都可以，都很正常。宣传的力度是双刃剑，就怕自己掩耳盗铃。”她这样思考政府对蓝莓的品牌化导向。从她的观察、看待、理解和思考里，隐约可以看到现代农业的某种理想样貌，就想进一步了解她的来路。

从 1986 年到 1997 年，在供销社工作的经历让薛素梅认知了市场。从 1997 年到 2006 年，在银行的工作令薛素梅吃透了服务。“我很感激那段时光”，她说。

在黄岛蓝莓市场上，为了强化口感，有的蓝莓添加了甜蜜素，为了保证果实外表的美观，也有一些蓝莓在栽培管理过程中人工添加了土酸剂、膨大剂等。尽管蓝莓上市时有相对规范的药物残留检测，但有些添加剂太过隐蔽，另外，当时一些检测机器还不具备快速提取、确认的检测能力。“还是靠自己”，薛素梅说，真正的把关者永远是人。

用蓝莓品控作为开场白，薛素梅讲述的不仅仅是她一个人的经验。有一次，薛素梅到一个客户那里，带了一箱蓝丰（蓝丰是蓝莓的一个品种，也是世界上种植面积最大的品种，1952 年育成，抗裂果，耐干旱）。正巧客户办公室也有一箱蓝丰，说也来自宝山。薛素梅看了看，觉得那箱蓝丰有问题。临走时，她便对客户说，“咱礼尚往来，我给你这一箱，你把你的这一箱给我吧。”薛素梅的举动引起对方的好奇：“你还缺一箱果子？”薛素梅的回答特别巧妙，又合乎情理：“我不缺一箱蓝莓，我缺的是你这份心意。”最后，用这种交换的方式，薛素梅把自己认为有问题的那箱蓝莓换了回来，回来后请人检测，“它的甜蜜素超量特别多”。

薛素梅说，我们都很熟悉蓝丰的口感，果子成熟以后酸酸甜甜，它的酸甜度很明显。但有问题的那箱蓝丰却不是这样。为了维护宝山蓝莓的品牌，薛素梅觉得有必要这么做。“宝山蓝莓如果与甜蜜素、膨大剂这些东西联系在一起，我会羞于提起。”

“完全靠每个人的自觉性，这个很难，毕竟市场的诱惑很大。”薛素梅认为，这不是考察老百姓底线的事情，品质不仅仅是好看，根基首先应该是安全，每个种植户都应该有这样一道红线。

热爱蓝莓，热爱自己所做的事情，薛素梅格外关心宝山蓝莓的品牌价值。“当用了这么大力度去宣传，检测设备的精度提升也绝对得跟上。现在，由于镇上推广蓝莓，很多贩子会特意选宝山蓝莓。我可以很自豪地说，宝山蓝莓的品牌价值已经形成了。”在薛素梅心里，这是一件一荣俱荣、一损俱损的事情。宝山蓝莓品牌建立起来并不容易，众人皆付出了辛劳，但毁掉一个品牌却轻而易举。“现在是自媒体时代。（负面信息）一旦出去了，撤都撤不下来。宣传的力度、广度与深度，是一把双刃剑，一旦做不好，伤害是巨大的。”

农业里里外外都是自然规律，什么季节，什么颜色。更深一层讲，保证食品安全也是尊重规律的一部分。薛素梅相信且遵循这些规律，有访客与她闲谈起天气的酷晒，她也说：“就这么被太阳晒着。我觉得什么季节，就什么颜色。”

话匣子打开许久，薛素梅所言说的都是自己对蓝莓的感情：“电视台以及其他媒体来采访我，我常说，不要采访我，我给你讲讲宝山和宝山蓝莓吧。”

“政府大力宣传品牌，最终受益的还是种植户。所以，我们要不遗余力地往前助推，这是我们的本分。但是，最根源的本分，是要守住我们的底线。如果任由甜蜜素、膨大剂等出现，最多一年两年，宝山蓝莓就成烂地瓜，没人要了。这样的话，谁为你去甄别这家添加了，那家没有添加呢？”薛素梅把这些偶发的情况定义为饮鸩止渴，是一种短视表现。她不时提醒自己，也不断把自己的担心向周围的种植户说明，以形成共识。

在宝山，薛素梅的凤宝山蓝莓专业合作社是第一家进入盒马鲜生销售蓝莓的机构。有一次，薛素梅向其他园区采购了一些奥尼尔，却发现这家种植

户对质量的把控与盒马鲜生对果品品质的要求有差距，最后只好放弃。而那家蓝莓种植户则觉得薛素梅对品质的要求未免过于严苛。

后来，薛素梅与盒马沟通，提出把订单量减少、先保证品质的合作方案。“每到出果期，每一个品种的情况我都及时给盒马发函。随着温度升高，一旦发现果子变软，就不能给盒马发送了。我随时通知他们门店下架。”

薛素梅的做法，也是出于品牌考虑。“盒马会根据我们的供应量确定上架的区域。到了冷棚刚上市、露天开始出果的时候，我就跟盒马讲，我保证一个量。这样盒马就把它的量（范围）给放大。”薛素梅每周通过微信群与盒马方面沟通，及时报送一个货量，盒马根据供应量的具体情况，调节供货的区域与门店。“最好在青岛本地。”薛素梅的逻辑是，在她保证供货量以及品质的基础上，盒马就能够有针对性地进行区域化销售，由此对宝山蓝莓的品牌形成进一步的强化与推广。

“其实，是可以做好的。”薛素梅对自己、对宝山蓝莓、对黄岛蓝莓的品牌化抱有信心。同时，她也清楚，首先要解决的还是自身的问题，无论品质还是供应链，“像京东，一次就向我们提出 20 万斤的采购量，但是我们收购不起来。”

“为什么贩子能收购起来？我们反而收购不来？协会反而收购不起来？协会的价格不可能低于贩子。”薛素梅常常琢磨这个问题，好像明明知道在哪里打了结，可真正解扣的时候却不容易。她进一步思考：“我们宝山对自身蓝莓品种的产量应有一个明确预估。比如具体到某一个品种，暖棚有多少产量，冷棚有多少产量，露天有多少产量，需要完成这个统计。”她认为，这正是各级蓝莓协会应该做的事情，提供必要的基础信息。“用数据说话。不能一个人说这个品种栽种了多少，另一个品种栽种了多少。信息化时代了，不应该停留在听说的阶段。”为此，薛素梅建议在进行品牌宣传的同时，数据统计、分析等事项也应该齐步走。“宣传得这么好，不是没有好平台来对接，一定会有。但是平台来了，咱们得接住啊！”

如何看待数据，薛素梅也非常清晰，“这个数据，要实际数据。不能是为了汇报虚拟数据，一定要实实在在。如果这个数据说大果一天能供应 8 000 斤，实际产量却只有 4 000 斤。这样的数据有什么意义呢？没有这个数据，还误导不了我；有了数据，却把我误导了。”薛素梅兴叹的是，京东 20 万的订单到了，却无法接招，只好“送到连云港去了”。

“我对京东的人讲，等你们在连云港收购结束，希望你们再回到宝山。”薛素梅讲述这些的时候，是 2021 年 7 月 4 日。室外蝉鸣不断，京东 6・18 大促也基本结束了。“当初，京东就是为了冲 6・18 活动才来的。我跟他们说，不要挑品种，我们的承诺是没有甜蜜素、不添加膨大剂。京东呢，也不要利润，就是想达到一个市场占有率，然后用鲜果拓客，拓客后再销售它的下游产品。”通晓京东的市场逻辑后，薛素梅赶紧把自家出品的蓝莓酒、蓝莓果汁、蓝莓酱传递给京东。“我对他们说，下一步你们就把我们宝山的各种蓝莓产品，包括花青素，发展成下游产品吧。”

下　游

深入蓝莓市场十几年，薛素梅认为宝山蓝莓应该发展出自己的下游产品。“谁家都有尾果。如果充分利用尾果，将尾果做成深加工产品，那将是了不得的一件事情。宝山是不是应该考虑成立一个加工中心？蓝莓果期结束后，我们充分利用蓝莓效应，把下游产品深挖，尤其蓝莓酱。”薛素梅发现，蓝莓酱在韩国有很大市场，供应方除了本土的，还有法国的。“要知道，法国不产蓝莓，那么，法国的蓝莓酱怎么来的？韩国是中国的邻国，韩国与中国发展贸易已经有几十年基础，咱们拿到蓝莓酱的供应太顺理成章。关键是，露天蓝莓尾果到了最后三块钱一斤，人工费可能都不够。如果加工成果酱，种植户也

就不用担心尾果问题，并且，附加值也高了。”薛素梅对蓝莓市场的分析是，一旦到下游产品，它就有自然的调配，只要是健康的，就不用担心。“这是一个多么庞大的市场啊！”

“庞大市场”也是李亚东对蓝莓产业的判断。他认为，蓝莓深加工是重中之重，以蓝莓果汁、饮料、果干为主导的加工产品将快速发展，并会带动以加工原料为目标的加工品种种植。

蓝莓暖棚基本不产生尾果，即便有尾果，价格也不低。到了冷棚阶段，会产生部分尾果，相对也能及时采摘处理。进入露天蓝莓上市期，会有大量尾果出现。蓝莓价格已经走低，人工采摘成本却变得巨大；而露天尾果如果不及时采摘，就掉到地里。

李亚东说：“目前市场上流通的蓝莓深加工产品种类繁多，有水果干、果汁、果酒、果酱等产品，甚至出现以蓝莓为原料的保健品。特定品种的蓝莓鲜果率不高，但是加工产品效益巨大。”

“都是费力种出来的果子，(尾果)掉在地上，真是疼人。但是，订单跟不上，或者采摘不及时，露天尾果就没办法。特别一场雨下来，损失很多，”薛素梅说，“有一次，一个种植户给我打电话，说你们做蓝莓酒，要不要尾果，4 块钱一斤，我给你送过去。我就问他，这样够人工费吗？他说果子已经冻起来了，如果继续存放下去，可能连冷藏费都赚不出来。”薛素梅的感受不仅仅属于她个人，是所有蓝莓种植户的心声，尤其那些大面积种植蓝莓的企业，面对的尾果压力更严重。“宝山这么大一个蓝莓生产基地，向前冲锋的同时也要考虑后面各个环节。”对蓝莓产品深加工，薛素梅一片深情。“采摘后把大果挑选出来，该走渠道走渠道，尾果价格合适的话，就出货；价格不合适，就做深加工产品。深加工产品一定会放大它的价值。我有一个朋友，专门做新加坡市场。他对我说，所有的蓝莓下游产品，我都可以给你带到新加坡去。现在，他已经带去了。”

关于尾果伤农的问题，薛素梅对政府是有期待的："比如辟出一块地，建一个加工车间，这样，种植户都可以委托加工自己的蓝莓尾果。政府提供土地，加工方不以盈利为主要目的，加工费也是透明的。"

临近午饭时间，有人采摘蓝莓归来，走进薛素梅办公室，将刚从园区摘下的新鲜果实与众人分享。

女访客1："它有种大自然的味道。"

薛素梅："就是要这种味道，很朴素。一味地甜，就不天然了。"

女访客1："她们公司问，要团建的话，这里有住的地方吗？"

薛素梅："有多少人？"

女访客2："二三十人吧。"

薛素梅："二三十人能住下"。

女访客1："我给你发了个抖音。"

…………

薛素梅："我给你说说这个地方的硬伤。刚才说到团建，有的单位来夏令营，120个人，园区里的住宿小屋东一个西一个，他们出于安全考虑，不敢住。看好这个地方了，却说：'我们还是到镇上住吧。'实际上，镇上也解决不了规模团建住宿的问题。最后他们说：'我们在你这里团建，还是到胶南（宝山镇原属胶南市）住。'他们的疑问是，为什么宝山这么好，配套却跟不上呢？"

女访客1："发展蓝莓，发展旅游，其他配套也要跟上。否则怎么把蓝莓产业做大做强？"

女访客2："的确，这里真是个好地方，住宿、餐饮的配套要是做足就更好了。"

…………

半成品存放区
SmartDate X60

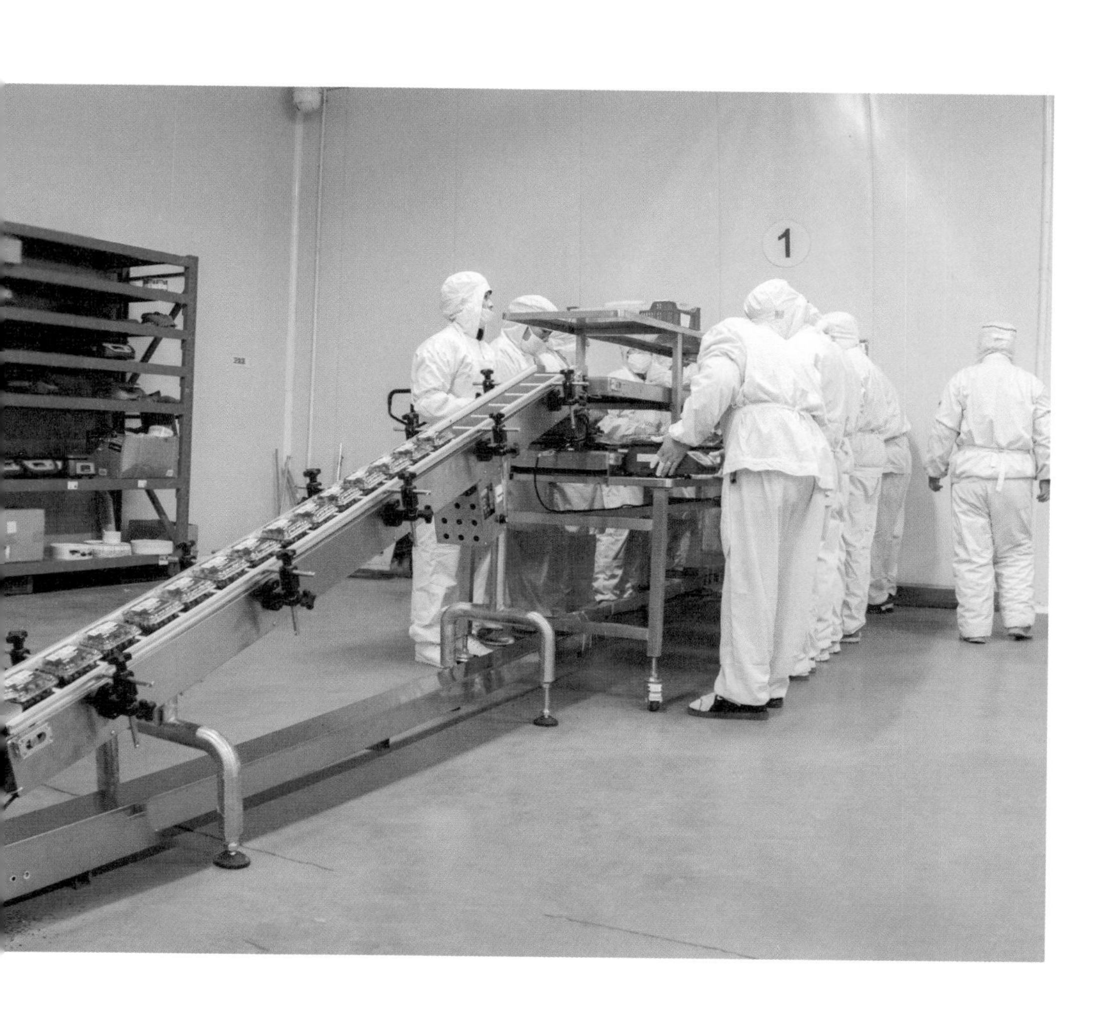
1

鲜果只有几个月时间，如果种植户下游的问题不能得到解决，蓝莓的产业化就还有很长的路要走。薛素梅重新提起建设蓝莓加工中心的话题：“种植户面对自己的土地，就像自己的孩子，自己的孩子自己养。我们也想自己养，不想依赖政府。但政府能不能给我们一点点土地的支持？能不能帮我们解决一点我们够不到的问题？”

后来，谈话变得发散，从蓝莓表皮的薄霜说起。在场的另一位访客介绍了他在外地所遇的关于蓝莓认知的事情：“有一次，我们出去推广，一个老太太买蓝莓给孙子吃。她要把蓝莓的皮剥掉，她说感觉不太卫生。我好像一下子没什么可说的了。”薛素梅说的是“蓝莓果汁保质期短，尽管是一个很小众的单品，但我现在继续保留着它”。

女访客之一另起了话头，对薛素梅说：“姐，你与赵厂长联系了吗？我对他说，不能以帮忙的形式。帮忙只能帮一次。他的粉丝有200多万呢。”赵厂长是青岛有一定知名度的网络人物。“这个时代，抖音真的好用，”薛素梅有自己对网络营销的理解，“以前，没有新媒体的时候，就是口碑相传。现在，如果区域营销的话，他们还是好使，要是深加工产品，就得找全国范围里有影响力的；要是休闲采摘、团建观光，就找本地的。”

2021年，研学在全国的整体趋势是爆发式增长。受教育改革和新冠疫情等多重影响，研学出行呈现短途化、近郊化、高频次、定制化、产品梯度差异化、类型多元化、家庭参与等特征。“到目前为止，我们2021年做的团建和研学活动已是往年的总和。”薛素梅认为，这是厚积薄发、井喷式的一年，以前，她的园区很少涉及研学与团建。“当时不做有很多原因，更多是我们自己的原因。第一次接待的时候，面对十几个人的团，我们就要全员上阵，现在三四十个人的团，接待却容易多了。团队就是这样，一点一点磨合。谁也不是一下子长大的，循序渐进，边走边成长。”

即便以蓝莓为抓手，种植园区发展到现在，在薛素梅看来，团建、研学的硬件还是不充分，“住宿等基础配套不够完善，游客来了只能待一天。”在宝山，与规模化团建、研学匹配的住宿地仍然很少。“不然，我们可以安排两三天的行程。第一天到一个地方，第二天去另一个地方，第三天再到他处。特别是夏令营，孩子们只在一个地方待着，会觉得枯燥乏味。”面对从蓝莓采摘、观光体验拓展出的团建与游学，薛素梅认为是很好的机会：“对我们是个互补，服务的内容越丰富、越宽泛，对园区的运营来说越好。”另一次，在接受《青岛日报》记者采访时，薛素梅也介绍过她的凤宝山四季采摘园以蓝莓为动力，带来的关联收益：“我们这里本来是种植草莓、蓝莓、桑葚的大棚，后来又上新了采摘、室外拓展等亲子游项目，一个采摘季便能为采摘园带来不菲的收入。”

凤宝山四季采摘园的平面布局图显示，园区内有20余项观光体验区，包括蓝莓大棚、孔雀园、轮胎公园、厂房、儿童娱乐区、成人拓展区、动物科普区、科普园地、猕猴桃、丛林穿越等五彩斑斓的类型，而这些都需要人来工作。“人是一切的基础。这里缺人，年轻人太寂寞了。”

正午，烈日下，薛素梅一身迷彩装，在园区里遥指着远处的游乐场、泡泡浴、清水抓鱼等体验处。望去，一些儿童正在游乐场里五颜六色的滑道上相遇，他们嬉戏的声音与山谷里的蝉鸣混在一起，唱响着整个夏天。

无心插柳

“现在，我们开启一段美妙的蓝莓果酒文化之旅。”2023年3月13日下午，在紫斐酒庄，青岛紫斐农业科技发展有限公司（以下简称紫斐）的一位员工依照解说顺序，结合酒庄内的展示屏与演示屏，从蓝莓起源开始，让我跟随她的步调，一节一节走近紫斐。

“种植酿造全生态国标制订者”最先出现，随后的导览，不论“走近蓝莓”板

块中蓝莓品种北陆的介绍，还是破碎、打浆、发酵、分离、澄清、陈酿等涉及蓝莓果酒制作的具体环节演示，以及设置的闻香台、瓶形器具展示等内容，一路所观，紫斐酒庄整个展示设计里，有很多不易察觉的有意为之。它是主动的系统传达，可又自带一份天然内敛。之后，在董慧君的导引下见到董辉，先前所遇的不易察觉和有意为之才有了独立又统一的答案。

“我们结缘蓝莓挺早的，大约 2006 年左右。那时，黄岛作为中国蓝莓产业化种植的第一个区域已形成了，但市面上还不了解蓝莓。有一次，我与佳世客谈合作，现场说起蓝莓，就这样结缘。”董辉是紫斐董事长，也是紫斐的法定代表人。她与其他和蓝莓打交道的人不一样，董辉涉足农业可谓“无心插柳”。

即便在园区栽种下蓝莓，但开始阶段，董辉仍将其“当作副业经营，没有从商业价值方面去分析蓝莓产业应该怎么做，以及为什么选择这个产业”。当时，董辉不过是偶然听人说起蓝莓如何好，而她恰好有一块靠近水库、没有污染、闲置了一年的种植地，也想围绕这块地做点什么事情，“所以，是巧合”。

与佳世客那次接触，董辉听说了蓝莓在日本发展的很多掌故，诸如当地政府要求小学生每天吃七颗蓝莓等。“我一听，这件事情很好，正好闲置着土地，就种上了。”开始的过程中，董辉并未就蓝莓产业方面具体考虑，试一试的心态很明显。“种着玩玩，亲戚朋友有蓝莓吃，只栽种了几十亩，面积也不大。”

2009 年，种下的蓝莓结果了。这时候，董辉发现蓝莓结下的果子吃不完。进入鲜果市场销售，尽管价格高，可是“认的不多”。其间，董辉还与胶南的利群、维客等商超沟通，将一部分蓝莓上架售卖，很快发现，蓝莓鲜果销售缓慢。“卖不了。超市都是厂家负责，我们算了算都不够运费。一天卖不了几斤，运一车过去卖不了，慢慢出现烂果。”董辉说。销售市场开始并没有做起来，“当时种植面积小，蓝莓成熟又不集中，一天只能摘几斤，做不到出口、进入大超市的配货量。想着积攒起来集中配送到某个超市也可以，但出果期持续一个月，每天十斤八斤，没法儿弄。”

为积攒鲜果，董辉专门建设了一个900立方米的冷库。“建了冷库，又发现只能多存放一个月，还是解决不了根本问题。后来开始探讨做酒的可能。想的是，葡萄能做酒，蓝莓能不能做酒呢？做成酒不就可以存放了嘛？”如何解决蓝莓鲜果长期存放的问题，董辉好像找到了答案，一个解决另一个问题的答案。

董辉说，2009年前后，正是红酒在中国市场“鼎盛”的时候，她结合自己蓝莓的产量情况，“卖也不值当。那个时候还做着房地产，卖两三千斤蓝莓，收入几万块钱，也不觉得是多么大的钱。所以，决定不卖了，自己研究做酒”。从2009年开始，鲜果期结束，董辉将余下的蓝莓先按民间传统的酿酒方法制作了一批蓝莓酒。制作完成后，董辉请琅琊台酒厂的朋友帮忙检测。检测发现，各方面指标不仅符合既定标准，而且酒精度发酵至14度，口感也不错，没有葡萄酒那种涩苦。“酒体厚重，里面还有残留的糖，女性特别喜欢喝。我就请酒厂帮我灌瓶。”“那时候，没有资质，检测后符合标准，那年过年就送送朋友，反馈非常好。当时觉得，蓝莓酒的需求还可以。”董辉便决定按照标准工艺生产蓝莓酒，第二年，上马新设备，包括发酵罐在内的流水线一应俱全，办妥相关手续后，“合法合规了”。

2010年10月11日，董辉成立了青岛朱雀蓝莓研究技术开发有限公司（后变更为青岛紫斐蓝莓研究有限公司），“就这样走上了蓝莓酒的经营之路”。

两条腿走路

以公司主体形态从事蓝莓酒生产经营的最初两年，蓝莓在董辉的事业结构里仍属副业，“没有从效益角度具体考虑，蓝莓酒做出来，有买的就卖两瓶，没有买的就送送朋友。确实没有当产业运作。”董辉仍将蓝莓酒作为中国人

NATIONAL STANDARD SETTER
种植酿造全生态
国标制定者

情往来的一种礼品。“我们对产品质量要求很高。当时觉得，既然做了，必须要做好。蓝莓是很‘高贵’的东西，但收到蓝莓酒的人若缺少充分理解，就起不到礼品属性的作用。”

为此，董辉联系了多家机构。首先找到北京市农林科学院对紫斐出品的蓝莓酒再度检测。“蓝莓最大的特点就是花青素高。蓝莓酒生产出来以后，我们就去检测，通过发酵，花青素是不是有所损失？这件事情对我们很重要。”用蓝莓做酒，花青素的指标并不在酒类的标准范围之内。董辉认为，除了酒的口感，也应该观察花青素在蓝莓发酵完成后的特点。“专家告诉我们，花青素在乙醇里面容易被溶出，更利于吸收。检测过花青素以后，我更坚定要做这款酒了。”

2011 年，董辉又请青岛市科协组织了一次针对紫斐蓝莓酒的评审。“当时觉得，自己聘请的酿酒师傅说我们的酒好，好像还缺乏一些说服力，其他专家如何评判，我们也想弄清楚一些。”是年，通过立项，来自全国各地的专家对紫斐蓝莓酒展开评审，“我们的发酵技术评定为国内领先水平”。紫斐的“发酵蓝莓酒生产工艺的研究”随后获得 2011 年青岛市科技成果奖。

“2014 年，蓝莓酒的国家标准开始推出。”董辉说，青岛紫斐蓝莓研究有限公司以起草单位的身份参与了这次国家标准的制订。因为这次标准由黑龙江越橘庄园生物科技有限公司和伊春市质量技术监督局于 2013 年联合提出立项申请，青岛紫斐蓝莓研究有限公司列第二位。“当初伊春市提出制订蓝莓酒标准申请，越橘庄园属于发起人，也是出资人，列第一位；第二位则根据单位贡献排名，紫斐就在第二位。”

董辉回忆了那次评审的大致过程，评审分两次会议：第一次评审在北京的中国标准化研究院，第二次评审到企业去，选择的是紫斐。“为什么选择到我们这里，是因为很多专家知道紫斐有蓝莓酒，并且我们的蓝莓酒产品很好。最后统一的意见是，根据紫斐出品的酒去完成评审。”2015 年底，“蓝莓酒”国家标准报批稿形成。2016 年 6 月 14 日，获批发布国家标准《蓝莓酒》（GB/T 32783—2016），并于当年 10 月 1 日起正式实施。

在国家标准信息公共服务平台公布的《蓝莓酒》标准中，紫斐与黑龙江越橘庄园生物科技有限公司、伊春市质量技术监督局、青岛玛丽酒业有限公司、中国酒业协会果露酒分会、中国食品发酵工业研究院、中国农业大学、伊春市忠芝大山王酒业有限公司、伊春市蓝韵森林食品有限公司、佳沃（青岛）食品有限公司、大兴安岭北极冰蓝莓酒庄有限公司、云南万家欢食品集团有限公司共同作为起草单位，而董辉也是 26 位主要起草人之一。

“前几年，我们有点忽视了市场。那几年，进口酒比较兴旺，我们普遍认为国产酒尤其像蓝莓酒这些小众酒，推广起来比较困难，所以发力也不大。从这两年开始，紫斐酒庄搬到这里，我们结合乡村振兴，开始两条腿走路。”董辉所说的紫斐酒庄新址，位于青岛西海岸新区张家楼街道画家村路 227 号。2019 年，董辉在张家楼街道拿地，并于同年 2 月 2 日成立紫斐。兴工建设完成后，紫斐酒庄于 2021 年底搬到了画家村路 227 号。

蓝莓不耐存储，这是行业共识。参与蓝莓酒国家标准制订以后，董辉进一步理解了深加工对蓝莓产业发展的推动和经济附加值的影响。“以前，我们只做自己的品牌，不做代工。当时想的是，给别人代工，会不会影响自己品牌的销售？而且，代工也收不了太多工费。后来，就把思路慢慢打开。蓝莓产业要靠大家振兴，农户不可能一家建一个酒厂。他们的水果下来，如果不进行深加工，卖不出去的话，就有可能烂了，一季就毁了。在帮助农户方面，我们企业也有社会责任。”董辉介绍，大约从 2018 年左右，紫斐开始做代工。从只做蓝莓酒到加工各种小浆果类的果酒，再到苹果、桃等水果酒；后来意识到果汁受众面更广，紫斐又从事果汁生产。“2022 年开始，紫斐果汁的市场占有率比果酒高了。”

2006 年结识蓝莓，十几年间，董辉将蓝莓从副业变成了主业。“现在，副业成了主业，就踏踏实实干吧。以前，没有把蓝莓当主业时，思路还比较模糊，到底是做蓝莓全产业链还只是做酒？最近，逐渐探讨明白，方向明确了，目前感觉还行。"将蓝莓立为主业也是董辉将紫斐酒庄从琅琊台搬到张家楼的一个动因。"之前用地属于科研用地，想要大规模生产也不合适，真正要做产业化，当时的厂房不匹配，所以下定决心，再投资，再建设，慢慢把这个产业做起来。"

多年以来，蓝莓酒市场并不好做。董辉坦言，作为生产产品的人，紫斐与销售、市场之间确实存在着一些矛盾的地方。定位为主业发展以前的一个阶段，紫斐"前面还发了力，后来就想顺其自然。也不指望蓝莓产业能赚多少钱，仅仅做一做礼品市场"，搬到张家楼以后，董辉结合黄岛的农业政策以及自身优势，思考向更多方向发力。从 2022 年开始，紫斐将果汁产业化。董辉说，果汁产业化以后，很受市场青睐。当然，开始"也是不行。我们研究了半年，想自己做网上销售。可是，我们的价格被一些低价产品对比，就没有优势了，消费者不听你的"。市场逻辑就是这样，生产者没法儿向每一个消费者解释。而且，连接生产者与消费者的中间方，即那些通过网络直播做产品的销售方也是同样情况："他们来了以后，跟他们一谈，我们的价格就没有优势。再听别人的价格，我们连成本都不够。怎么办呢？"

董辉举了野生蓝莓酒的例子："市面上存在着两种蓝莓酒，一种号称野生蓝莓酒。可是，从专业角度讲，野生蓝莓不可能做出百分之百的蓝莓酒。要知道，酒在发酵过程中，需要通过糖才能完成转化。野生蓝莓含糖量很低，用它酿酒，由于自身糖量少，无法转化，必须额外添加糖。另外，野生蓝莓酸度特别高，打浆后，需用活性物质发酵，放上酵母都很难发酵。怎么降酸度？最好办法就是加水稀释。若用碱去中和酸，会破坏蓝莓的香气。因此，必须加水稀释。最后，卖酒的时候，还打着百分之百野生蓝莓的说明。可是，加了水，成本就降下来了。"董辉的分析清晰明了，然而，她也清楚，市场上做营销的，

没有人去分析这个过程。受价格驱动,“谁便宜买谁的,谁便宜卖谁的。现在网上直播,大数据搜索,比如认定蓝莓酒 50 元 / 瓶,价格高了就不给你卖了。为什么别人要 50 元你们要 100 元呢? 这种现象,我们根本没办法。”

面对市场中出现的不理性与不理智,紫斐企图通过自己的方式去改善环境。“我们现在出品袋装蓝莓汁,目的就是降低客单价。一袋 30 毫升,10 袋加起来才是原先一瓶的容量。但是,客户就接受这个。”董辉讲述的实例,一方面是紫斐直接面对的具体问题,另一方面,也与整个社会的经济形势有关。具备一定流量的网络直播,能让商品实现即刻销售,通过理论上的全覆盖,商家可与无限量消费者完成对接。

小袋装 30 毫升蓝莓汁的产品名称是“莓日饮”,由紫斐 2022 年投入使用的软包装果汁生产线生产,50 颗蓝莓鲜果可榨取一袋 30 毫升的莓日饮。2023 年 2 月 11 日,莓日饮进入李佳琦直播间,“3 分钟时间,卖出 30 万袋,销售额大约 150 万元”。莓日饮是紫斐结合消费市场特点研发的产品。相较于瓶装,小袋装易于直播销售。另外,相较于瓶装,小容量的袋装不仅降低包装成本,而且在利润方面有空间优势。尽管如此,直播售货“企业赚不了多少钱”,董辉说,直播价被压得特别低,紫斐莓日饮零售价 5.9 元 / 袋,直播价 4.4 元 / 袋,另有坑位费以及提成等相当比例的推广费用。“算了算,根本不赚钱。”

董辉“有时候不太明白”市场的现状,然而,作为经营者,她不得不在现有市场环境里求发展。2023 年 3 月 14 日,莓日饮再一次进入李佳琦直播间;3 月 18 日,莓日饮又走进林依轮直播间,“看看能卖多少”。事实上,在产品研发、包装设计等方面,紫斐已开始与时下的消费趋势结合："我们现在有市场部，关注前沿市场，随时更新包装形式和产品开发。现在有适合家庭的负压桶装莓日饮，也有便携的适合上班族的小包装。"根据少年、女性等不同类型消费者的需求，紫斐不断开发新的产品。经市场培育，蓝莓的营养价值已被消费者接受，蓝莓汁在推广时的研究更多在于饮用场景以及视觉等易被消费者接受的时尚元素的设计。"大家都知道蓝莓是好产品，在各类果蔬汁当中，蓝莓汁的市场接受度很靠前。"

投身蓝莓行业十几年，紫斐的成本负担还很紧张。刚搬到新园区，"这几年建设成本比较高，果汁刚开始上量"。董辉预计 2023 年收支成本差不多能够持平，"单纯依靠运营收入，现在还不行"。为经营企业，紫斐不仅面向消费者出售产品，也向上游的蓝莓种植户提供代工服务。"农户可以拼单，可以置换，也可以 OEM。"紫斐通过灵活的多种方式，"先养活自己"的同时，也为农户解决蓝莓深加工的问题。

快与慢

2023 年春天，董辉去了趟云南，考察当地的蓝莓市场，从那里订了一批货。"前几年，我们自种的蓝莓就够用，后来，随着市场发展，2022 年开始，我们也外部采购了。"蓝莓产业发展到现在，已不再是局域市场，特别对深加工而言，面向更大。

"我们现在生产的蓝莓汁，与蓝莓果实的品质紧密相关。因为，紫斐不添加任何色素与香料，蓝莓品种的酸甜会直观表现在蓝莓汁产品的口感上面，有很大差异。所以，必须优选好果子。"据董辉介绍，紫斐在自种蓝莓以外，通常提前与考察确认的蓝莓种植户约定。"蓝莓到百分之百的成熟度时才采摘。我包圆了，不是说种植户先到市场，卖不出去的再给我们，那样的不要。"

采购关涉蓝莓深加工的另一个观念。据董辉介绍，有的蓝莓品种适合酿酒，有的蓝莓品种适合加工果汁。目前，在整个产业链里，围绕适合的酿造类型，已有针对性的研究。蓝莓产业向深加工发展，董辉认为要“解决一个观念，一个误区。千万不要认为深加工是处理尾果，是用不好的果子加工”。有一次，董辉参加一场蓝莓会议，现场一个专家的观点是卖不出去的果子、不好的果子才做深加工。董辉认为，很多专家都可能迈入这一误区，遑论大众？她觉得很有必要纠正既定的偏狭观念：“严格意义上，在果酒行业里，有这么一句话，三分工艺，七分原料。所以，没有好原料，不可能做出好酒。不是大家想的那样，反正都是发酵，绝不是那回事儿。只有用好的原料，才能酿造出好的酒。”董辉说，她刚接触蓝莓酒行业时，遇到一位非常专业的酿酒师。一天，董辉带了两瓶不同的蓝莓酒请其品鉴。酿酒师喝了其中一款，就对董辉说，那款酒的酸，像是果子没成熟的那种酸。董辉第一次明确了，“真正的高手，能辨识出酒的不同状态”。当时，紫斐想就不同品种的蓝莓做酿酒试验。“我们园子里没有那么多品种，就外采了一批。其中，一部分是入库冷冻的尾果，里面有些不成熟的。”自此以后，董辉坚定了用优质果品酿酒的思路，采摘时人工采摘，要求蓝莓新鲜，没有青果，没有烂果。

人工采摘蓝莓时，蓝莓果粉会丢失一些。“果子在树上，果与叶互有摩擦，果粉也会丢失，果粉肯定不均匀。”董辉认为，市场中出现的果粉非常均匀的蓝莓，很大可能是非自然状态；同时，她也清楚，来自市场的误区很难完全纠正，“消费者不去体验、不去想这件事情”。

与蓝莓相处十几年，董辉亲历了蓝莓在黄岛的发展，对当下全国的蓝莓市场也有了综合了解，“贵州、四川、云南等地区发展很快”；黄岛蓝莓的产业动力，在 2012 年联想控股的佳沃农业到来时最足。如今，行业发展格局都有了新变化。

董辉说：“原来，老胶南以农业为主，蓝莓、绿茶、食用菌是三大特色产业，占的比重比较大。黄岛与胶南区市合并，城市化更快了，旅游、会展、啤酒等成为主导产业，农业板块就相对弱化。”

将紫斐酒庄迁至画家村路所在的青岛西海岸省级农业高新技术产业开发区以后，董辉发觉当地对蓝莓产业非常重视。该农业高新区东至张家楼西石岭村村西，西至张家楼南北大通道，南至张家楼东李村东西中心街，北至松泉疗养院南，面积合计约2.37平方千米，规划建成以现代农业科技领航为主，集农业科技研发、农业科技孵化、农业技术培训、精准农业示范、农产品交易等功能于一体的国家级现代农业科技园。“在这个区域，在农业板块上，我们也算龙头企业了。”因此，董辉也在有意准备，为蓝莓产业在黄岛发展做一些调研与研究。“作为青岛市种业发展的重点区，近几年，黄岛实施现代种业提升工程，种业创新能力、竞争能力、保护能力明显增强，康大兔业、佳沃蓝莓、海青茶叶、琅琊鸡、隆铭牛肉等品牌实力突出。”2022年底召开的青岛两会上，作为青岛市第十七届人大代表，董辉提出加快种业发展的议案，蓝莓是其中一项。她建议青岛借鉴海南省三亚市、湖北省武汉市等地措施，统筹青岛市现有与种业相关的扶持政策，将现有政策提档升级，在项目用地、平台建设、设备购置等方面给予国内一流激励政策。“说实话，农业要振兴，乡村要振兴，产业振兴肯定是龙头。文旅虽然也有一块效益，但当地老百姓不能直接获得。”不过，农业产业化确实难做，董辉也有体会：“很累，自种比外出采购成本大多了。”因此，紫斐“现在把重心放在研发上面，园区也基本转包，交由专业人员管理”。

“如果不断更新品种，时间成本、价值成本、效益成本都非常大。一般公司承受不了，包括佳沃也是这个原因。它们将种植部分也在转包，去云南发展，专家也开发了一些适合南方气候的蓝莓品种。”董辉说，紫斐未受蓝莓品种更新之困是“歪打正着”。紫斐初种的蓝莓就是北陆。“我们种植蓝莓比较早，那时候，栽培、繁育技术还没发展到一定水平，品种相对单一。北陆是一个既可

爱又可恨的品种。可爱之处在于产量高、易管理、口感不错、中型果，唯一可恨之处是不耐存。”大部分进入蓝莓行业的都是种植卖鲜果，当意识到北陆不够耐存，他们往往会更新品种，而紫斐直接将蓝莓深加工，不担心耐存与否。

2023 年 3 月，第三届成都国际小浆果产业发展论坛暨中国小浆果产业链技术成果展邀请紫斐参加，董辉说：“给了我们一个题目，让我们做一个主旨报告——‘浅谈蓝莓小浆果深加工现状与前景’。”

现代农业之路

山谷里，黄昏不易察觉。东山的云朵还在簇拥着群山，西边的流云却不动声色地把太阳包裹起来。很快，流云铺满了整个山区，然后一丝一丝散去。

云是山谷的魂。

流云散去，天空平静宛如湖面。这时候，夕阳显露，才是日常所知的黄昏。随后，夕阳也快开始融化，夜色终于把湖面抹平，一天的喜怒哀愁统统隐没在日暮乡关。风车继续不知疲倦地摆动着，从山林间的小路望去，它们像自动停车场里的起落杆。

夜里，有丝毫动静，狗都会吠个不停，这是它的工作。岂止山村里的农家，白天经过几处农场，也极易看到拴在鸡舍附近的狗。走近时，它们就吠叫起来，直到人走远，看不到背影，它们才安静下来。有时候，分不清它们究竟是恐慌还是用凌厉吓走试图不轨的闲人。想来，无人打扰的时候，它们该是睡着补充能量的状态，不然，每一次外人临近的时候，它们怎会那么警觉？

早晨，天微微发亮，薄露最浓的时候，秋虫停止了歌唱。它们并不会立即睡去，而是躲在草丛里，观察着刚刚醒来的人们。

宝山镇换乘站就似一个交换中心，它能够辐射到很远的村庄。这层意义上，镇中心的意义很接近根系发达的玉米，它能够深入挖掘土壤里的养分。

对植物来说，根系的作用功不可没。秋收的日子，玉米秸秆砍伐以后，更容易观察根系。如若不借助镢、锄的力量，或者通过机械犁耕地，玉米的根会狠狠地扒着土地，笃定，坚毅。在山谷，秸秆还田还没有被农民充分接受。对他们来说，人力并不计入成本，与其机械收割，不如辛苦几天把玉米收了，因此能节省几百元。另外，农家也习惯了把它们用作柴火，玉米秸秆、花生科、地瓜蔓，晒干后垛起来，也是天长日久的燃料。

山谷的变化，村庄的变化，每个人都很敏感。

金沟村的宋学荣从 1958 年大炼钢铁讲起，一直讲到现在。他记得大炼钢铁时拉铁推煤的辛苦，也把四面八方大炼钢铁的行为和结果理解为“把美国吓坏了”的震慑。至于第二年第三年后出现的饥荒，他也道出原委：“地瓜留在了 1958 年的地里，没人敢拿回家。”

90 多岁的宋学荣是一个介于传统和现代之间的人，这似乎是中国农民的普遍面貌，他们对世事有判断，又没有判断，经历、立场、态度、观念互成隐藏的凭借。

东宅科村海拔 60 米，循沙土路走到海拔 90 米的高处，风声入耳。回头俯瞰，刚才稍觉无序的村庄深在山谷，为人瞻目。有时候，会有不自觉的误区，比如山村不仅幽僻，而且处于谷地，瞬时就有了藏隐意味。而城市，脱不了喧闹，似乎总在高地。

在东宅科村层层叠叠的田地端，想到青岛老城区大鲍岛的海拔，20~30 米，即便如此，也没法儿纠正既成的印象。对城市和乡村，永远有着完全不同的期望值。

年轻时，盛玉俊在生产队干活，把腰椎伤了，自此落下病根。可是，“疼，也得干。还是要自己挣着吃，少给上级加负担”。“好牛要拉犁”，这是 1950 年出生的盛玉俊的生产哲学。他说：“人一旦能劳动，多干一点，就多得一点，自

你已进入
宝山

己经济还富裕，还给国家减少负担，咱多产了粮食，国家收购也给钱，国家因此富裕，也算是为国家做了一点儿贡献。”70 多年来，盛玉俊罕少走出山村，最近一次出门还是 1991 年到东北去。

郜振平的家在瓦屋大庄西北角，地势高处，与村庄内相通的巷子被他用铁丝网拉拢了一道门，两侧枝叶繁茂，鲜花盛开，从外面看，似是一个静幽的花园。他在这里已经住了 35 年，1957 年出生的郜振平兄弟姊妹五个。“（村子）里面的老房子住不开了，就搬出来盖了新房。”瓦屋大庄很多耕地都流转“去种蓝莓了”。

说起现在世情的时候，郜振平正在劈柴，一只出生不久的猫伴他左右。他为我引路，要打开“花园”的门时，又邀我到家里坐坐。他的妻子在天井里浣洗被单，招呼我坐下，洗了一盆桃子递给我。

周兆学接过宋文芳的账款，数了两遍，1 400 元。“没有账了。”宋文芳说。领了工资，宋文芳就到周兆学经营的农资店还账。她从周兆学那儿买了一些农药和化肥，赊账多日，直到月初拿到工资，才来结清欠款。周兆学拿出算盘，后改用计算器，共计 1 410 元。“给我 1 400 吧，”说完，他又拿出两瓶农药，搭给宋文芳，“这样又相当于优惠了 70 元。”

“挣的钱都给你了。”宋文芳掏出钱，数了一遍，递给周兆学。“你给我打工，我给化肥厂打工。”说着，周兆学转身又到柜台货架上，给宋文芳拿了两包营养液。在山村，竞争也烈，维护客户亦成一道农业风景。“到了下面，再大的店也没多少人流。”周兆学说。

60 岁的曹玉忠是大张八村人，最近几年不再外出打工。山村里蓝莓产业盛旺，他便就近找了活计，为一家稍具规模的大棚种植户打长工，每天工作 8 小时，收入 130 元。骑电动车 10 分钟，就从远处的家里到了工作现场。锄地，拔草，卷帘……都不是过分依赖体力的工序，上午 4 个小时，下午 4 个小时，构成了他一本正经的营生。

曹玉忠说，相较于疫情初现的2020年，2021年干工少了很多，“3月份21天，4月份21天，5月份21天半，6月份19天”。生活在山村，开销也少，“蔬菜不花钱，粮食不花钱，也就是买点肉和鱼”。曹玉忠的心态深具普遍性，这是传统农业农村农民的账底。后来，乡村日用品开始产品化，农业、农村、农民和原来熟悉的生活之间也变得愈发疏离。

农村振兴与发展城市是同一件事情。其实，这也是现代中国进程中所获得的经验。1934年9月17日，张元良作“复兴农村与繁荣城市”演讲，以青岛经验举例：“……在青岛开的纱厂，厂内设备完全。学校、俱乐部、贩卖部等等，凡是工人需要的设备，都很完全。厂外能享受的，厂内工人都享受到。这样，工人自然安心工作。所以，我觉得能发展农村教育，就能安定农村社会。”

在黄岛，德育银行的施行即是农村教育在新时代的典型实践。1974年出生的杨力“以前在外面干”，2018年1月，他回到大陡崖村，开始担任村党支部书记。关于回大陡崖村的初心，杨力说：“2018年以前，大陡崖村里是全省经济薄弱的村庄，村集体不仅没有收入，还有80多万外债。我总觉得大陡崖的位置好、交通好，而经济却发展不起来，心里就不得劲。”

“想改变”，是杨力当时的念想。

大陡崖村是青岛西海岸新区宝山镇率先进行德育银行乡村实践的村庄。在杨力看来，德育银行是结合大陡崖村的实际特点、把村规民约精简后形成五美指数的一种乡村方案。杨力说：“我们对村民的日常行为进行了量化积分，德育银行以此为评价参照，再根据村集体的收入情况奖励村民。一积分等于一块钱，村民每个月可凭积分兑换相应的生活物品。”在保证公平、公正的基础上，杨力认为，德育银行实现了村庄环境卫生改善、村民凝聚力增强、村党支部威信提高三个方面的效果。

德育银行以村集体收入情况制定奖金标准。在大陡崖村，集体收入的主要来源除了土地流转，还有村与企业合作的寻宝山居等民宿项目。此外，大陡崖村集体还有六个蓝莓大棚等出租收入。

尽管是德育银行的试点村，但大陡崖几年前的村集体收入并非如此稳定。“农民、农业、农村的问题，并不好处理，”杨力说，“2018年，我回到大陡崖以后，先对村里的三资展开清理。我觉得，村庄想发展，家底子必须弄清楚，于是，先定好村规民约，然后着手三资清理。”于是，大陡崖成为第一个在全区、镇进行资产、资源、资金清理的村庄，当年就清理了50多万村集体外债。随后，又通过土地流转等方式，提高了村集体收入，村民的收入也多了起来。杨力说，近三年，村民种植蓝莓的主动性和积极性越来越高，种蓝莓、苹果的村民占到80%左右。

杨力是土生土长的宝山人。这几年，蓝莓市场在宝山变得更大了。“区政府和镇政府多次到全国一、二线城市推广，把宝山蓝莓的名声打出去了。宝山蓝莓真的好吃，比较来说，宝山蓝莓的价格也要比其他地方的蓝莓高一些，这就给果农带来了实惠。尤其2021年，很多老百姓的收入比往年增加了将近一半”，杨力说，他总有一种感觉，“这里山好、水好、人好，我对这块土地，心里有一种很依恋的感觉，希望宝山发展得越来越好。”

与杨力的依恋有所区别，柳跃年对宝山的感情是另一种养育情分。

“我们在宝山扎下根了，并茁壮成长了，”回顾蓝莓在宝山的生长故事，柳跃年仿佛受了这一方风土的浸染，他说，“我们跟宝山的感情，比较复杂。对我们来说，宝山有养育的情分，因为我们在宝山这片土地上种植成功了。宝山的水土等各个方面都比较适合，这里是一片有特色的土地。我觉得，我们的蓝莓，中国的蓝莓，跟宝山是分不开的。”

柳跃年有几个身份，不论青岛杰诚食品有限公司（以下简称杰诚）董事、总经理，还是青岛蓝玫瑰果实有限公司董事总经理，都将他指向蓝宝实有机蓝莓。柳跃年接触蓝莓的时候，对大众来说，蓝莓还是比较陌生的水果。“在那以前，根本就没见过、没吃过。拿它当做稀罕的、少见的水果，只知道蓝莓

禁止饮食
除草剂专柜
中量元素水溶肥料

对身体有好处，但没有实际感觉。”

“这些年，蓝莓在黄岛种植越来越普及，市民接受度也越来越高。从扎根宝山到现在，慢慢地，蓝莓从小小的蓝色果实，变成家家户户接受的水果，成为休闲食品。”但是，在过去，“客群大都是从国外回来的人，他们会说在美国、在加拿大吃过。当时，面对国内消费者，还要从头给他们讲蓝莓是什么东西”。柳跃年看着蓝莓在国内不同阶段的市场变化说：“我们也经历了从求大于供，卖方市场向买方市场转换的过程。现在，蓝莓是一种时尚、健康的水果。人们面对蓝莓与其他水果的感觉一样，甚至还追溯选择蓝莓的品种。蓝莓成为一种国民水果，消费者的心态也更理智了。现在的超市、商超、水果店，如果没有蓝莓，人们都会感觉诧异。”

对宝山这片土地，柳跃年说：“我们是外资企业，国内市场做得比较多，地方市场做得比较少，所以也有与宝山整体规划不够一致的地方。不过，这都是企业成长发展道路上不可避免的。从结伴出发，再到现在重新定位，非常感谢宝山给予我们的土壤与环境。”

从 1999 年杰诚落址宝山开始，其定位就是有机种植。从一种跟大众远距离的水果，到进入寻常百姓家；从一开始挑选商场，在低温柜销售，到后来市场扩大，越来越多同业者加入、参与其中：蓝宝石坚持的仍是保持本真的有机种植。这种差异化经营被柳跃年奉为圭臬，他始终认为：“好的东西，市场是接受的。”

柳跃年认为，有机种植能够体现水果的本性，把它的属性如实地表达出来。“蓝莓单品水果是健康的水果，因此，种植的过程中就想尽量体现它的本色。”

其实，有机指向的是现代农业这一课题。对于现代农业，柳跃年的理解是：“与传统农业的思路不一样，现代农业最根本的是精准、可控。传统农业本来是人海战术，我们也在研究如何通过高科技、利用精准技术和资金支撑做一些让大家都做得起来的事情。”柳跃年说：“在宝山，很长一段时间，基本是单兵作战。我想，既然我们能把蓝莓引到这里来，而技术又是可以共享的，那么，何不通过大家的力量，一起探索现代农业之路。”

探索现代农业的路上，土地也会歌唱。

有多久没看到蚂蚁了？步行了一个小时，在冷家小庄身后的田埂看见一只劳碌的蚂蚁，感觉自己变小了。水秀山青，生活本当如此。端木蕻良写过，“在那田垄里埋葬过我的欢笑”，那是时代的命运，不是他个人的悲观。

农民靠天吃饭，农民敬畏自然。“今年雨水很好”，他们说得很好，是指土地旱了就降甘霖。小麦收获那几天正是晾晒粮食的晴天。“大自然，大自然，它非得有这个自然。可能大自然在芒种这个节气就是干（燥的）天。”

山村里，人均耕地很多，遇着一位农人，他共耕种着30亩地。趁着傍晚的空当儿，他带着喷雾器，到套种速生杨的一亩三分地里给大豆打药。“这些豆子是第二遍播种，”他说，山里野兔多，都把第一遍播种后发出嫩芽的豆子吃掉了，“稍稍喷一点儿，兔子闻到味儿，就不会过来了。”

山村夜游。见到攀缘的凌霄花，竟然不识，更不知从舒婷那里已有答案，便问乘凉的一位村民。他说，这是“凌霄”。又在山谷的广场站了好一会儿，村民饭后有了闲暇，聚在一起，跳着以爱情离愁歌曲伴奏的广场舞，听着听着，不禁神伤——这声音能传多远呢？这一层意义上，走出山村，过度拥抱的那个世界就变得不太确定了。

20点25分，停在北斗七星正下方的鑫鸿顺冷链物流车载满包装好的蓝莓，按照斗柄转折的方向转了一个小弯，钻进了夜色里。“买保险了吗？”司机上车前，供货商佳禾农业的一个人发问。“明天清早就要送到上海。”说完这句话，司机把车厢关闭，回到驾驶室检查相应证件，开始了一个人的一夜征途。

第五章

未来远征

尊重时间

改善小气候

在地和有机

中国蓝莓看青岛

基因决定一切

一产引领，二三产融合

反哺

尊重时间

中午，胡家村的一位村民结束上午的劳动，从村前田地走回家。遇着乡亲邻居，他就缓步打打招呼，说一些乡间的话，然后继续赶着回家的路。

胡家村是2016年青岛市美丽乡村建设项目，获得一笔97万元的财政补贴，建设了一座刻有村庄名字的景观石、一座拦河坝、一座小桥、两处人行道、硬化路面800米、土墙365米。一条小河流经村庄内部，它的蜿蜒摆动影响了村庄格局的形成，即使现在小河失水，变成沟渠，村庄的肌理仍旧如故，里面满塞着时间的影子。

胡家村离宝山镇政府驻地不远，蓝莓种植也就势取代了世纪之初的农业生产类型。他参与其中，看到了蓝莓从黄金般的价格到平民化的整个过程。“前几年他们把钱都挣了。现在新品种还可以，就是成本要大一些。”

说罢,他回家吃晌饭去了。一座已无人问津的桥,留在他的身后。

相比不远处的立交桥,这座桥明显老了。桥面失修,俨然被人们所遗忘。横跨风河,它承担了两岸无数次来来回回,直到新桥兴筑,它几近荒废,成为山谷里的遗产。哪怕河道里的水很少,桥洞下也会形成水域,鱼虫鸟雀寄生在里面,唱着古老的童谣。

步行一会儿,就到了新建的立交桥下。桥面上大都是进出港口运送集装箱的车辆,马士基、中远、长荣、地中海航运、万海 …… 车辆上集装箱的标识,几乎涵括了所知的每一家船公司。近港的便利,物流的可能,信息的交互,让桥下的山村有了与外界通联的更多机会。可是,对山谷里的农业来说,真正在港口实现交易才是产业种植和技术创新的体现。

风河也从瓦屋大庄村前流过。"旱了八个月",一夜大雨,河水没过村庄通往农田的桥面,村民借河水洗刷着三轮车、拖把、水桶以及沟渠里堵塞的污垢。河水奔流的声音、燕子呢喃的声音、蟾蜍和金蝉共鸣的声音、蝴蝶振翅的声音、鸡鸣的声音、风车转动的声音、拉家常的声音、孩童嬉闹的声音、哭丧的声音,它们被风混搅在一起,飘入空荡荡的宇宙里。

泰青威日照支线输气管道已完整铺设在瓦屋大庄村内,黄色的天然气管道或沿着屋脊,或紧贴地面,或横跨街巷与一部分住户的厨房相接,极似卡尔维诺笔下那座水管之城阿尔米拉。不同的是,瓦屋大庄并没有像阿尔米拉那样完全被遗弃,瓦屋里有废园,也有新建的尚未安窗的瓦屋。

从瓦屋大庄高地北望,高速路像缎带一样,从山谷上方穿过。在这里,言必称明月苹果、奥尼尔蓝莓,这是产业化经营以后农业品牌说服力的一种表现。不过,这种集聚式的模式并不是山谷里的全部选择,仍有一些人继续着原来的生活。

法焕平依旧管理着20世纪90年代栽种的果树，那是当时引进的红富士苹果。现在，果树老了，果实产量却没有降低多少，一棵树的收获仍在100斤左右。至于他做的调整，并不是伐除老树、栽种明月，而是借助老果树之间的呼吸空间以及它们对土壤的改良，在果园里养鸡。一年下来，也有5 000只成鸡出售。

在山谷里讨论的问题，固然有红富士苹果收购价2元左右一斤、明月苹果收购价4.5元左右一斤的倍差，可是，更多的赞美在于这些30多年经法焕平一手塑形的老果树。近乎荒僻的独立，正是他的巨大财产。

由法焕平的果园前行转弯，遇到了于德廷。“美国蛇果在咱们这边表现不好，都‘杀’了。”于德廷的语言一等一有特点。在一个道路的三岔口，于德廷把果园里有伤的苹果选出来，坐地摆摊。说起苹果，于德廷如数家珍。1983年尝试育苗，1985年种植果园，自此，他与苹果打上了交道。他说，在他的果园里，还有三棵老国光树，并且至今他还打听出五莲谁谁谁还有几棵金帅老果树，言辞间有一份求之不得的挫败和骄傲。挫败是因没能求得，骄傲出自他的热情以及日复一日的梦想。

蹲在东草夼村那位已过知天命妇人的玉米地里，一边听她讲属于她的故事，如何用薄地获得满足，一边摸着扎根的玉米茬子，仿佛也是我的土地。时至今日，对于农业劳动，我依然缺少真正的兴趣，连假把式都称不上，小时候掰玉米、用镰刀割玉米秸秆、镢玉米茬子也都是做做样子，那是一种枯燥的辛苦。但是，也有流汗的时候，要是忽然再飘来降雨的过路云彩，我才主动接受农业生产的辛苦。这时候，我觉得里面散出了诗意。

“今年种的大马牙，26行粒，粒粒饱满，明年不种它了。”机械收割也有无法圆满之处，康拜因在田地里掉头的位置，留下几行需要她人工割除的秸秆茬子。玉米根系本就发达，而大马牙品种又是异端，结出的玉米棒子极为喜人，但根系硬固，种起来不方便。她说，明年换种东海105，那是一种

双印农机

细长、产量同样可观的品种。

东草夼本就是山间的洼地，基于此，整个村庄以及农田倒也平整。虽有起伏（土地也根据品质分为四级），但整体来说，如若不是天地相接的云朵和远山做参照，它的山野性没那么强。不过，这里终究身处山谷，果园、苗圃、芋头、棉花，它们对土壤的尊重是乡村振兴倡导以来我们失落很久的天然情感。这一点，在待收和已收的玉米地里也有相似的体现，它们告诉我们，为什么要尊重时间。

很长一段时间以后，东草夼村那位妇人的那段话还会在我的记忆里。她说起家世，谈到做厨师的儿子和做服务生的儿媳妇早些年恋爱结婚的事情，又说起她的父亲在40年前她结婚时对她的叮嘱，“老人说，不要为什么事情就跟公婆顶气，再有大难时，有国家出力哩。”

她用力挥着镰刀，砍伐旋耕机平整土地以前需要人力清除的大马牙玉米秸秆。她说，肥料贵，收割机贵，一亩地肥料用度180元，雇赁机械收割100元……“种地不来钱”。

前吉林村和东草夼村没有多少区别。由于时代的同步性，城市和城市越来越像，农村和农村也越来越一样。前吉林村庄西南方向有一块高地，我想攀爬上去，未几，被一旁两个少年吸引。山谷里，少年难得一见。再转身，一位正在打水的老人喊我过去。

从前吉林村走到东方红村，只有老年人出现在路上。他们中的一部分人充当起中年人以及年轻人的角色，到田间地头，一天又一天，一年又一年。

走出宝山，蓝莓种植户就少了很多。前吉林村的菜园里，一个老人在田间铺种小葱。她说：“（我们村）种蓝莓的只有几户。扣大棚要若干钱。在这里哪能有那么多钱？”

产业拓步向前农业的确是方向，然而，每个人的未来和过去，都是那么不同。

改善小气候

“一般吧”,既是谭洪山的口头禅,也是他的答案。

围绕蓝莓上下游，谭洪山在镇政府驻地经营农药、化肥、苗木多年，过去七年尤以栽育出售蓝莓苗为业。他拿出育苗基地的照片，展示蓝莓苗可观的收益。“大苗10块钱一棵,这一小块3 000棵(指着挪移后的空地处),刚拉走。”每个人都有自己的观察，“临沂、连云港都来拉我的苗子，”谭洪山发现，全国很多地区已大面种植蓝莓，“咱们这里的（种植面积）只是一点点了”。

李亚东把1999年杰诚在黄岛宝山金沟村的蓝莓种植基地落实种植，定义为中国蓝莓产业化生产先河的开启之年。经过20多年，“中国已经成为世界蓝莓的市场中心、种植中心和研发中心”，形成了长白山、辽宁半岛、胶东半岛、长江流域和西南产区五大产区。李亚东介绍，截至2021年，全国超过27个省区市商业化种植蓝莓。我国蓝莓总栽培面积和总产量从零分别增长到6.64万公顷和34.72万吨，列全球第二。其中，鲜果成为蓝莓的主要产品形式，占总产量的60%。

目前，经过探索与实践，利用不同品种、地域差异以及暖棚、冷棚、露天三种种植模式，蓝莓鲜果在中国实现了从11月份到次年8月份长期供应的目标。不过，不同产区生产的蓝莓有着明显差异。李亚东说：“蓝莓生长需要一定温差去积累糖分，气候很关键。近年来，温室大棚技术在一定程度上解决了温差问题，但是像长江流域，果子将要成熟的季节却在雨季，对产业发展很不利。在优势产区生产优势品种，以追求优异品质和优质效益，将是未来蓝莓生产的主流。”

在优势产区种优势品种，解学兵就是这么做的。

东西10行，株距90厘米，每行108棵，解学兵大棚里的每一棵蓝莓果树都不一样。从最简单也是最显而易见的枝干去看，很容易就能发现它们的不同。有的果树保留了三条主枝，有的保留了四条或五条。不过，稍稍远离或轻轻靠近，这些肉眼可辨的区别就“消失”了。摘果期结束以后，蓝莓就要开始剪枝，薅草，消杀，为未来一季果期精细化准备着。

把看不见的事情称之为消失是摆脱不了的一种主观，但是，它也有另一面：没有人否认，在农业生产中，伦理方面的价值尤为明显。从早上 6 点开始，到中午 12 点，解学兵忙个不停，配制消杀药，操作滴灌，整个过程像他的性格一样沉默。“天天有活干。农业没有没有活的时候。”

解学兵的大棚里，蓝莓早已修剪完枝条，剪除和保留下来的枝干将会影响又一个春天的产量与品质。蓝莓修剪具有双重作用：一方面，对局部产生刺激，能够使新梢的长度增加；一方面，也会削弱整体，修剪后根系的总生长量会受到抑制。因此，蓝莓修剪要根据不同品种、修剪的不同阶段、气候条件以及树势等综合判断后进行。通常，从定植后第四年起，蓝莓树就到了成年阶段。这时候，修剪的主要任务是平衡蓝莓生长与结果的关系。得体合理的修剪完成，待新芽抽叶，大棚里将再一次呈现出有秩序的生态感。

修剪蓝莓是蓝莓种植管理过程中的一项关键工作。修剪目的在于蓝莓每年都能产出优质果实。其理论在于，整形修剪可以改善光照和通风条件，促进花芽形成，并且能够通过疏通部分花芽从而避免结果过多，以便让果体增大，提高坐果率。如果不进行适当剪枝，坐果率不仅会降低，蓝莓果实品质也会变差，而且会使树势开张的品种因结果枝负担过重而落果。

在休眠期，蓝莓修剪的方法主要有短截、回缩、疏枝、长放、疏花芽几种。短截是指剪去蓝莓一年生枝条的一部分，分为轻截、中截、重截三种。三种短截以剪去枝条的长短区分：轻截为去除一年生枝条的 1/3 以下，中截为剪除一年生枝条的 1/2 左右，重截则是剪掉一年生枝条的 2/3 以上。回缩是指剪除蓝莓多年生枝条的一部分，将蓝莓一年生枝或多年生枝条全部剪除称为疏枝，长放意味着对一年生枝不修剪，疏花芽则是去掉蓝莓结果枝上的一部分

花芽。

休眠期修剪蓝莓时，在按照目标产量估算出每株蓝莓应该剪留的结果枝数量后，先要剪除距离地面不足 30 厘米的低位枝，然后疏除过密、细弱、病虫枝条和埋土防寒受到伤害的枝条，接续的工作是对弱主枝和枝组回缩，对结果枝上过多的花芽进行疏除以后，再有计划地选留一个基生枝，为主枝更新做准备。

蓝莓属于灌木，根系主要分布在树冠投影区范围内的表土层，深度在20~30厘米，因此对水分要求十分严格，喜水又怕涝。供应水分有喷灌、滴灌两种，现在，黄岛蓝莓大都使用滴灌。滴灌除了节约水，还可以实现水肥一体化。

浇水需要经验来判断。去掉5~10厘米深的表层土，徒手抓起一把，握成团，如果土壤能成团且能挤压出少量水分，就表示水分合适。如果松开手，土团破裂，则表示已经缺水。对种植蓝莓的土壤来说，体积含水量在15%~20%为宜，最佳土壤体积含水量为18%左右。管理水分时，力求均衡，避免忽干忽湿。

滴灌的原则是为了保持蓝莓根系附近含水量在适宜范围内，所以每次滴水量应该等于外界蒸发量和蓝莓自身蒸腾量之和。一般土壤条件下，每周滴灌2~3次，每次1~2小时即可满足蓝莓对水分的需求。这些近似教科书的浇水规律，看似简单，在不同的种植者身上，实践情形却很不一样。此外，还涉及几个特殊的物候期，如促萌水、花前水、果实发育水、越冬水等，蓝莓对水分的要求稍大，要注意的事项也更多。

修剪、浇水、施肥、授粉……都是蓝莓精细化管理的一部分。“以前只要结果就行，只要结出蓝莓就行，现在必须精细化管理，走精品路线。”王艳对自己参与了十几年的蓝莓市场作了总结。她是解学兵的妻子，两个人从2005年开始种植蓝莓，经营翔源蓝莓家庭农场，现种植面积已有30多亩。尽管种植规模不大，但无论园区管理，还是蓝莓品质，堪称一方模范。

2005年冬天，王艳和解学兵投身到蓝莓种植当中。“那时候，种蓝莓的个体户不是很多，但已经开始了。”王艳说，当时，蓝丰已成为老品种，“我们种的就是新品种了。但那会儿技术不成熟，苗子长不好，产量很低。心想着只要蓝莓果树能长好，只要能结果，不管大小，就很好”。

种植蓝莓，对王艳和解学兵来说，完全是一件陌生事情。看着别人种的蓝莓不错,他们心里想的是,如果自己也能种出来,那能行了。为了学习技术,王艳和解学兵没少下功夫。“肯定难了。一点也不懂。为了能学到技术,跟着卖化肥的,他们哪里走,我们就哪里听,”王艳回忆道,“(技术)是一点一滴跟着别人学的。以前,我找个本子记下,现在不用了。熟悉了,跟上学一样,背诵下来了。”到了第二年,技术慢慢跟上了。

当蓝莓还是新鲜事物的时候,“种蓝莓靠的是一个胆量,不然不敢种,种上就要认真学习”。2007年,王艳和解学兵开始建大棚;2008年,市场上开始提倡精品果子,夫妻二人就继续学习,研究如何把蓝莓果子的直径达到市场需求的1.6厘米,“很不容易”。

种植蓝莓前,王艳和解学兵2003年开始经营无纺布,2005年开始加工制作冬暖式大棚需要的棉被。对他们来说,采用温室种植蓝莓是顺畅的事情。“若不是做棉被,不会了解那么多。在外面,看到平度、莱西、诸城的油桃、樱桃都用温室种植,看到他们用棉被,我们就开始了。”很快,“解学兵带动这一大片开始建棚”。

“蓝莓使用化肥很少,不管理它,怎么让它生长?”建好暖棚,王艳和解学兵要继续学习,“修剪枝条,也不懂。另外,树形的管理,刚开始不懂的时候,别人给掰掉一个枝,就心疼得要命。其实,那些枝条都是需要修剪的。可最初不懂啊,心想,好不容易培养了一个枝条。后来才明白,枝条多了不管用,留下几根主干就好”。重述蓝莓种植的全过程,王艳感到处处都是知识,“水对蓝莓很重要。需要水,但是不能涝。涝了的话,树根就坏了。暖棚温度的控制很重要。暖棚抗风抗寒,早上要收,晚上要放。冬天放风不好的话,中午忘了插电,就会把苗子闷死”。

一步步学习,一点点掌握,从不懂到融会贯通,现在,在种蓝莓这件事情上,王艳觉得自己做得也不错了:“摘完果子,第一个任务就是剪枝,尽快剪枝。我们早就剪完了。”

王艳做事简洁、干脆，大大小小的事情，经她三下五除二一说，复杂的不确定好像也变得简单。她与客户通电话："明天给他们膜，你打算什么时候给他干？他真的急了。后天有雨。你说句话，我们也不给你压力。今天就是今天，明天就是明天。现在就是一句话，我让他卷被就卷被，让他解膜就解膜。除了下雨，其他都不是问题。我跟他沟通后，马上给你回话。"结束通话，王艳快速拨出另一个电话号码："除了下雨没法干以外，其他没有任何理由。那就这样定下了。另一个问题，到底是你找两个人还是他找两个人？那就让他一个人来。怎么能中午回复呢？我跟人家说马上回复。撤膜。"

与蓝莓相关的事情一件接着一件，王艳处理起来有条不紊。她得到一个信息，就快速通过微信语音发给可能有需要的人："胶南那里有一个人，露天蓝莓直径 1.8 厘米以上，发的价格是一斤 14 块钱，我就想给你提供这么一个信息。如果你需要，可以带人去看看。"

短短的工夫，王艳又把电话打给东营的客户："你那边蓝莓（市场）怎么样？露天便宜了吧？大果多少钱？30 元？那么贵？我们这边价格下来了，蓝丰、绿宝石，前天发货价格是 14 元，特果 20 元。我希望你能来一下，你来基地看一看，觉得合适，就给你发货 …… 蓝莓就是季节性的东西，你要做就做好的，尾果不好，你挣不到钱。现在这个季节，就是走量。一斤想挣十几块已经不行了。昨天一个朋友找我，我就想给你介绍一下。如果你觉得合适，我就给你发百八十斤。去基地收货 14 块，我们得加一点费用，最多就加两块钱。咱先相互了解一下，现在你做露天，青岛是最好的时候。"

紧接着，王艳又给女儿打去电话："嫚儿，你联系一下，往滨州发货，他们到站接。今天发上，看哪天能到。问问大客车，发五六十斤，或百八十斤。你联系一下看看，费用怎么样 ……"

王艳对外联络的时候，解学兵正在一旁为大棚蓝莓配杀菌药。他沉默着，专注于自己的事情。"现在种了五个棚。每个棚都要配一份。"杀菌药由两种

药物组合而成，配比的时候，解学兵嘴里念念有词。解学兵介绍，杀菌药是用在蓝莓摘完果子以后，结果的时候不用。药剂用量，是按照面积计算："一个大棚大约需要用 2 斤半杀菌药，1 千克 700 多元。"

与浇水、施肥一样，杀菌药也采用滴灌方式。按精确比例将杀菌药配好后，解学兵将电闸合上，每一个步骤都一丝不苟，熟化于心。尽管"以前根本没种过地"，可是，在种植蓝莓这件事情上，解学兵现在却已然是行家里手。

把蓝莓大棚的事情处理完，王艳和解学兵立马回到工作车间。裁成 35 米长的无纺布铺在地上，像一条赛道。王艳半弯着腰，锁线已经起跑，她要为别人的一个大棚加工棉被。自从开始做无纺布加工制作，同样的缝纫动作，王艳做了不知道多少遍。酷暑里，很快大汗淋漓，"这样的天气干活，真是遭罪。"

长 60 米、宽 20 米的厂房里，堆放着备用的 200 多卷无纺布（每卷 50 米）、一台大棚被缝纫机，还有其他田间地头所需的工具与机械。王艳和丈夫解学兵无间合作，让辛劳机械的活计现出秩序感，以解其中之乏味。缝纫、拼接，成就保暖遮阴的大棚外套。以前，王艳加工的大棚被普遍用于蔬菜种植，后改良适用于水果与养殖，改变温度，改善小气候，这种从生活经验中开掘出的保温增温方式渐为产业种植所用。

在地和有机

一只野兔引我进入山谷。未知的暴雨先把风向改变，凉风把树梢吹响，闷热不见了。野兔在林间小路处停顿了一会儿，随即跳开。沿着它扑朔迷离的脚步，进入一片将要被人遗忘的谷地。石头堆成的山房已经倾圮，有人居住成为传说往事，它和不远处的茅棚一起，构叙起一段让我迟疑、好奇，又紧张的乡间秘境。

乌云遮蔽，暴雨来到略迟，心里生出苏轼道中遇雨的渴望，也学那只野兔停顿一下，听一听穿林打叶的声音。偶然的空间紧张和一贯对蛇的恐惧，令我不能停滞太久，可山路未知，分岔又分岔，走下去才知道通途在哪儿。

慢慢地，看到远处一段弃用的灌溉沟渠。走近它，它宛似一位威风凛凛的骑士。暴雨即将到山谷深处。

下雨的缘故，赶集的商贩和镇村周围的居民少了很多，集市里的服装鞋帽区更是空荡荡。乡间的集市与城市社区周围的农贸市场差异很大，除了米面粮油蔬菜食品等生活物资，它还提供那些服务于农业生产又有别于农资超市的“战略”物资。也不乏匹配上下游服务的供应商，遇着一个商贩，夫妻二人出售的商品是各种规格的塑料袋，规模颇巨，客户以种植蔬菜和水果的散户居多，看上去基本是一个淘宝专营店的汽车移动版。

集市中，多数商贩是固定摊位，他们以提供交易服务赚取差价谋生。还有一些不确定的商户，他们把菜园里吃不完的蔬菜瓜果筛选后，按品质大小分成不同等级，陈列在铺于地面的无纺布袋子上面，带一台电子秤，手机生成一个微信支付宝支付码，赶集的故事就开始了。他们采摘收获的蔬菜瓜果，风土特征明显，是在地和有机的一次完整传达。

有意思的是，蓝莓在山谷的集市上却极为少见。这是因为，家庭种植在这里非常普遍。

“蓝莓，这一名不见经传的小众水果，走向超市、走向餐桌、走向寻常百姓，成为喜闻乐见的健康食品。”随着蓝莓产业兴起，蓝莓市场得到了快速发展。中国自产的蓝莓几乎全部供应国内市场，另外，每年进口的蓝莓鲜果已超过 2 万吨。李亚东的判断是，由于蓝莓花青素是其他水果不具备的营养物质，未来蓝莓产业将成为中国大健康产业的基础产业之一。

不过，市场是一只无形的手。任何产品，再好的品种和技术离开市场也是枉然。“到目前为止，我国蓝莓产业科研与生产脱节，生产与市场脱节的问

题依然是一个系统性的矛盾。”李亚东十分清楚蓝莓产业在中国的问题，他认为，未来中国的蓝莓科研和产业技术创新要围绕“蓝莓消费中心城市”+“蓝莓优势消费品质”等市场需求为目标，“科研与产业创新者和生产者要站在全国角度乃至世界角度去思考问题，丰产优质，同时，还要打通产业链条中的关键环节，建立‘产学研销’协同发展的技术体系。”

2012 年 9 月，青岛市政府与联想控股签署战略合作协议，由联想控股在黄岛注册成立佳沃（青岛）现代农业有限公司，计划 5 年内投资 20 多亿元，在黄岛建设蓝莓研发中心、种植及加工中心、运营中心、销售中心和物流中心，目标是把黄岛建成国际一流的蓝莓技术研究中心、北方优质水果产业基地、高端水果集散地和价格形成中心。随后，在联想佳沃的带动下，黄岛蓝莓产业从蓝莓研发、栽培技术、食品安全等技术领域，以及土地流转、农民增收等民生领域，开始了全面升级。

中国蓝莓看青岛

“好蓝莓从种植开始”，这句话立在青岛沃林蓝莓果业有限公司门口处，是一个既笼统又具体的观念释意。进入厂区，玻璃温室对面建筑的一楼是实验室，主要承担土壤检测、鲜果生理检测等。几个实验玻璃皿内盛装着不同容量的硫酸，工作人员正在操作。一旁，土壤风干室货架上，陈列着干燥后的一堆堆土壤，肉眼看去，难以区辨它们有什么不同。实际上，这些土壤各有特点，换作人的比喻，它们都有自己的性格。

好蓝莓从种植开始，好蓝莓的种植从土壤开始。“基本上每天都有检测，既有土壤，也有肥料”，现场一位工作人员介绍。沃林所有种植园区的土壤检测都在这个实验室完成，有总体检测，也有日常检测。“蓝莓种得好不好，肯定跟土壤有关系。我们会依据蓝莓产量、质量的情况找原因，分析是土壤的问题还是其他问题。若是土壤的原因，就反馈到种植管理，为施肥提供参考，再将土壤调整到正常 pH 范围内。”

青岛沃林蓝莓果业有限公司（以下简称沃林）位于西海岸新区张家楼街道寨里路49号，沃林农业（青岛）有限公司也于2006年10月27日在这里注册。

姜惠铁是沃林的创始人之一。早期，他致力于蓝莓在中国适应性驯化的种植实践。2002 年前后，他在日照试种蓝莓。期间，姜惠铁与浙江人倪建华结识。当时，倪建华正考虑产业转型，便出资与姜惠铁共同在日照发展蓝莓种植。后来，二人综合蓝莓未来发展的多种条件，2006 年将沃林落址黄岛张家楼，开始规模化种植。

2007 年，沃林在蓝莓鲜果、冻果销售渠道开始系统布局。2008 年，沃林完成深圳分公司、香港子公司以及北京、上海、广州办事处的建设，并通过经销商、代理商开发国内其他二级市场。到 2012 年，用了六年时间，沃林初步形成了育苗、鲜果、冻果、深加工于一体的全产业链发展局面。

姜惠铁掌握蓝莓种植技术，倪建华熟悉资本运作，当初，“他们的操作就为上市操盘。后来，盘子越来越大，销售团队越来越大，感觉太吃力了”，2011 年进入沃林工作的刘焕龙说，“2012 年前后的黄岛蓝莓产业若想继续进一步带动，个体就没有那么大能量了。从蓝莓更新迭代的品种到市场，很难再打开新局面。”

当以全产业链模式运营蓝莓时，姜惠铁慢慢发现，无论新品种更新引进、育苗规模、冷库建设、物流配送还是后期销售，都需要投入巨量资金。然而，由于苗木不能作为贷款抵押物，沃林想要进一步扩资发展难度颇大。

在这个关键点上，联想起了很大作用。

正当沃林遇到瓶颈的时候，联想集团已开始介入农业。2010 年，联想控股农业投资事业部成立。2011 年 10 月，联想集团原高级副总裁陈绍鹏加入

联想控股，领导现代农业板块业务。2012 年 5 月，联想控股在原农业投资事业部基础上成立佳沃集团，陈绍鹏出任总裁。2012 年 9 月 25 日，联想控股的佳沃集团在黄岛成立佳沃（青岛）现代农业有限公司。此前，佳沃已与沃林就收购事宜做了充分沟通。

“为什么佳沃做蓝莓的时候选择沃林？因为沃林的蓝莓全产业链已经具备形态了，育苗、种植、销售、深加工，各层面全都切入到了。”刘焕龙说，佳沃到黄岛以前，沃林就形成了完备的蓝莓全产业链雏形，“所以才大手笔收购。”

2012 年 10 月 18 日，佳沃集团正式并购沃林，佳沃水果产业的战略布局就此开始。

沃林是佳沃集团并购的第一个项目。沃林被收购以后，姜惠铁成为联想控股佳沃公司种植事业部经理。2013 年 5 月 8 日，佳沃集团正式发布“佳沃”品牌，首款产品“佳沃蓝莓”同步上市销售。2013 年 11 月 28 日，佳沃（青岛）果业有限公司也成立了。

“佳沃将黄岛蓝莓产业重新带到一个新高度”，刘焕龙认为，佳沃的带动作用不言而喻，“开了两次蓝莓大会，当时就喊出了‘世界蓝莓看中国，中国蓝莓看青岛’的口号。”

基因决定一切

土壤看上去都是一样的。然而，在实验室检测，却能分析出细微差别。从选择土壤、调整土壤出发，正是蓝莓种植产业化、现代化的基础环节。“主要还是看地块，不同地块，氮磷等元素含量也不一样。并不是说整个黄岛土地的氮磷含量都一样，它们没有固定值。我们检测时，土壤的氮磷含量通常不会与标准值相差太大，依靠后期施肥，都能完成补充。”2023 年 3 月 13 日，在沃林的实验室里，工作人员详述了土壤检测的要义："我们有一个标准数值。抽样检测时，采样土壤要与标准土壤一起检测，这样比较稳定，遇到数值高低偏差的时候，就根据标准数值进行调整。"

因为种植面积太大，沃林需要经常对土壤抽检。随机抽检土壤的择取，有一定代表性。"如果有的地块土壤检测的数值与标准数值相差很大，会针对那一地块再次取土，重新检验一次，以判断究竟是整个地块问题，还是取样的那一份土壤的个体问题。"土壤之外，用作调整土壤的肥料也在实验室的检测范围之内，"这些都是要考虑的"。

从一楼实验室沿楼梯进入二楼，是组培室。走在楼梯上，就能听到从组培室的高温消毒室传出的瓶子碰撞声音。瓶苗是蓝莓育苗的最基本阶段，采用无土栽培技术。"无性繁殖，一瓶繁（生）五瓶，把每一瓶的蓝莓幼苗取出，扦插到五个瓶子里"，如此循环，无限生长。听上去简单的操作，却需要专业人员在无菌环境下精细操作才能完成。"每人每天平均操作 300 瓶蓝莓幼苗，也就是把 60 个瓶苗繁殖成 300 瓶。"

扦插完成后，蓝莓瓶苗将被送入专门设置的控制室，按照既定的光照、温度、湿度管理，100 天左右就能生长至适合重新繁殖扦插的状态。"一部分继续繁殖，一部分移栽成为穴盆苗，转入玻璃温室，进一步育苗。"

玻璃温室生产区是沃林育苗温室的其中一个领域。截至 2023 年，佳沃控股的沃林仍是黄岛唯一具备组培、脱毒、育苗能力的企业。"我们的苗都是自己培养，育苗、卖苗、卖果，然后还有技术服务。客户买了我们的苗，会有专人为他们做技术服务。他们可以买穴盆苗，自己培养，也可以购买播苗。"

走近玻璃温室，十几个来自周边村庄的工作人员正在依照既定分工流程处理着穴盆蓝莓苗。那几天，气温较低，一批刚转到玻璃温室培育的穴盆苗需要被重新安排送回控制室，它们从"瓶苗刚转来，太冷了，再回到控制室"，参与着蓝莓育苗的全过程。就近就业的农民禁不住慨叹生命："育苗不容易，在保温箱里长，跟养小孩儿似的。”

沃林的玻璃温室生产区占地 3 360 平方米，集成了自动化管理技术，包括可移动苗床系统、通风窗系统、湿帘风机降温系统、轨道自走式喷灌系统、内外遮阳系统、环境数据测量系统、温室自动控制系统等，适合从春季到秋季育苗。另外，为填补冬季生产需要，还建有一个占地 6 000 平方米的暖棚生产区。

将瓶苗转化为穴盆苗以后，还需要经过一年左右时间，才能生长为播苗。根据蓝莓品种以及移栽时间的不同，玻璃温室生产区的每一格穴盆苗的规格也有差异，有 200 棵、288 棵、512 棵等几种规格。为有效区分，精细管理，每一格穴盆苗上，具体标注着品种、日期与操作员。

百万棵穴盆蓝莓苗在玻璃温室内各自生长，透示出一种难以抑制的希望。进入穴盆苗阶段的蓝莓果苗，经过合理控制与管理，成活率很高，只需参与充分的时间，就能生长到播苗阶段。届时，“就到了基地阶段，种植、结果、售果、深加工，全产业链就完成了”。

佳沃未收购沃林以前，沃林就已经将蓝莓育苗作为全产业链中的关键选项发展。被佳沃并购以后，一方面，资本进一步投入，研发技术升级，另一方面，蓝莓种植市场在全国范围内快速扩大，沃林育苗渐成佳沃的一个核心业务板块。2022 年 4 月 26 日，育苗业务从原公司剥离，成立青岛优芮农业科技有限公司，注册地仍是西海岸新区张家楼街道寨里路 49 号。

刘焕龙一再强调沃林是一个特例：“为什么是特例呢？小小的蓝莓发展为一个大产业，带动地方农业的转型与快速发展，并不是单靠一个企业就能做到的，这是整个市场运作的事情。对企业来说，只是立足了这一产业，通过现代农业去切入，改变中国以往种植苹果、梨、桃等传统水果的状态，但这只是一个切入点，后来，在政府的支持、宣传下，各方面造就的产业趋势，不是一个企业可以代表的。”

“最早在黄岛发展蓝莓的不是沃林、不是佳沃，而是杰诚。但是，杰诚把品

种保护得比较完备，不对外推广，规模发展比较小。”刘焕龙认为，联想布局农业，佳沃进入青岛，真正拓展了黄岛蓝莓产业化的平台，“从2012年，到2015年，是蓝莓产业在黄岛飞速发展的时期，那时候，北方蓝莓独领风骚。”

2015年12月16日，佳沃集团与鑫荣懋果业科技集团股份有限公司（以下简称鑫荣懋）宣布战略合并。鑫荣懋成为佳沃（青岛）果业有限公司的实际控制人。刘焕龙介绍：“两家换股，属于强强联合，现在叫佳沃·鑫荣懋。我们生产的质量高的蓝莓果子，产量的70%卖给了鑫荣懋。所以说，我们不愁销售。”

除鑫荣懋销售的果品之外，沃林生产的另一部分蓝莓由自己销售，质量略弱的果子则用做冻果。受新冠疫情影响，沃林的蓝莓深加工“没有以前那么红火了。销售不出去，果干、果酱、果汁基本不做了，现在只有果酒。不能为了产品牺牲企业效益”。刘焕龙说。

沃林在黄岛参与蓝莓产业化的过程，是现代农业的趋势表达，同时，又如刘焕龙说的那样，它仍是一个特例。2015年以前，黄岛蓝莓在水土条件以外，其发展有早先出发的优势。不过，随着产业结构进入到新阶段，黄岛蓝莓在自我提升的同时，也面对着更大范围的竞争。“云南从2017年开始发展蓝莓，五年时间，规模已远远超过山东。”刘焕龙认为，云南蓝莓现在是跨时代发展，“在云南，一棵蓝莓果树，春天种下去，秋天就可以挂果。一到两年就可以收回种植成本，因此，很多人、很多资本就到云南投资了，我们的资金也投向了云南”。

2017年7月28日，红河佳裕农业科技有限公司在云南省红河州蒙自市成立，法定代表人是姜惠铁。红河佳裕农业科技有限公司是佳沃集团与全球最大蓝莓种植公司智利Hortifrut合资成立的以蓝莓种植和包装为主的现代农业企业，注册资金3 600万美元。其中，Asian Berries Limited持股51%，云南佳沃贝瑞果业有限公司持股49%。

上市时间的差异让包括云南在内的南方蓝莓获得了北方蓝莓不具备的市场，这是自然环境使然。“所以，现在蓝莓分成两派：以山东和东北为代表的北方蓝莓，以云贵川地区为代表的南方蓝莓。”刘焕龙说，因成熟时间早，云南蓝莓补充了黄岛蓝莓所不具备的市场空白期。“现在，北方蓝莓开始串采，又展现了自己的风采。”“北方蓝莓和南方蓝莓都在寻找自己的特点。南方蓝莓见果快、产量高、回本快，北方蓝莓口感好、价格低。”

尽管蓝莓在中国已形成种植规模，产业生态也趋近完善。然而，相较于智利、秘鲁、美国等蓝莓主产区，蓝莓品种依旧是制约蓝莓在中国产业化发展的因素。“蓝莓对运输要求非常严格，有的品种皮薄，就不适合长途运输。为什么智利和秘鲁蓝莓从海上运输，漂洋过海两个月来到中国，依然非常新鲜呢？储存技术以外，果子的基因决定了这一切。”在刘焕龙看来，蓝莓在中国的发展还有更充分的可能，但仍然受限于品种。“品种要更新，不能抱着老树苗在这里长。”可是，“蓝莓是舶来品，苗木有没有知识产权呢？买断一棵蓝莓果树品种的授权，国际上要 3 000 多万美元。买回来也保护不了，按照中国的情况，很快就扩散了。”

一产引领，二三产融合

“借力西海岸现代农业示范区六汪直管区辐射带动，在 341 国道、215 省道两侧集中打造两条现代农业转型发展示范带，聚集万里红大樱桃、瑞翰农场、吾彩宝实蓝莓、供销集团蔬菜种植示范园等高效农业项目 20 余个，发挥示范带动作用。”在 2020 年度的工作总结里，青岛西海岸新区六汪镇也强调：“坚持传统农业与现代农业并重，一产引领与二三产融合并重，努力提高农业发展质量。”这一年度，六汪镇引进现代农业项目 89 个，流转土地 5.3 万亩。

其中，发展蓝莓 8 000 亩。

2022 年春，一个占地 300 余亩的智慧蓝莓产业园在青岛西海岸新区大村镇初现雏形，这是青岛市承接的 2021 年山东省乡村振兴科技创新提振行动项目——“蓝莓智慧化生产及全产业链开发利用项目”中的一小部分。这个总投资 5 000 余万元的项目的智慧化生产涉及诸多方面，包括智慧化水肥控制系统、智能化环境控制系统等，将建成青岛蓝莓研究院（协同创新中心）和 6 个智慧蓝莓科技示范基地，在“优特专”品种选育、标准化栽培、储运及精深加工、品牌培育等全产业链等环节开展研究实践。

“随着劳动力成本增高和年轻劳动力减少，智能化升级是蓝莓产业升级的必由之路。”青岛农业大学教授韩仲志在接受青岛日报采访时曾表示，青岛蓝莓产业的智能化程度在国内处于先进水平，不过总体来说仍处在“初级后期”到“中级初始”阶段，与处在“高级初始”阶段的国外发达产区相比，还是有一定差距。

随着蓝莓产业快速发展，蓝莓市场在不断变化，宝山镇也规划建设中国（青岛）蓝莓产业研究院，通过与农业科研院校展开合作，进行新品种研发，对蓝莓的优良品种培育进行布局，以保障蓝莓品种合理更新。宝山镇还依托产业研究院，制定《蓝莓采摘技术规范》等 7 项全国蓝莓技术标准规范，在果品种类、果实规格、营养成分、种植条件等多方面建立蓝莓种植标准和规范。同时，为不断挖掘蓝莓全产业链的能量，还通过产学研销结合的方式，推动三产融合，形成从种植到深加工到文游的全产业链发展格局。

“这些年，在乡村旅游方面，宝山统一了品牌，叫‘宝山寻宝’。在蓝莓鲜果方面，宝山统一了‘宝山蓝莓’品牌。这两个统一增强了宝山作为旅游目的地的互动性，游客通过采摘，品尝宝山美食，入住宝山民宿，他们与宝山的粘性互动增强了，也获得了极具宝山特色的体验感。人们对宝山蓝莓的认识加深了，尤其对宝山蓝莓品质的了解增多了。以前，人们知道宝山蓝莓，但不知道

文学的种子
2020自然创作夏令营

PAUL

Young

宝山蓝莓有这么多品种，而每一种品种又有各自的特点。”2014年，隋军来到宝山，以“投身宝山乡村振兴”的姿态，带领团队流转了600余亩土地投入农业创业，并在2017年正式成立了以农业为主，兼营旅游项目开发，水果、蔬菜植物种植与销售，并集合研学、团建、亲子活动、瓜果采摘、水库垂钓、特色民宿等为一体的休闲旅游基地——青岛沃泉生态农业有限公司（以下简称沃泉）。来宝山干农业之前，隋军当过教师，干过工业，算是知识储备与商业头脑兼具的人物，在2020年2月，以整合蓝莓产业资源，打造宝山蓝莓品牌为初衷，宝山镇整合当地43家蓝莓园区共同参与，成立了西海岸新区宝山镇蓝莓产业协会，隋军被推选担任蓝莓产业协会会长。在隋军看来，宝山绿水青山，是一片弄潮搏浪的热土，拥有一副好声线的他近几年在黄岛蓝莓的各地推介大会上不时登台演唱自己的原创歌曲：“蓝天白云下风车对望、绿水环绕它青山相傍、魂牵梦萦里花果飘香……（《宝山追梦》）”诸如此类的歌词，一往情深，也颇具号召力。

“在希望的田野上”，隋军是有几分爆破性气质的选手，“脚踏土地，仰望天空；投身农业，想象融合。我希望自己能为宝山的乡村振兴提供一个不同的样本。”也是因为习惯把自己嵌在公共身份里，隋军的话里话外有无法抑制的“高度”：“来宝山镇投资后，我把宝山镇党委、镇政府发展蓝莓种植和苹果种植的思路首先在大陡崖村形成实践，采取‘公司＋基地＋农户’的运行模式，投资建了6座标准化的蓝莓大棚和20余亩露天苹果采摘园，采摘园作为基地和平台，为宝山镇发展蓝莓和苹果种植提供示范，也取得了良好的经济效益。”

大陡崖东有一片乡野，园内多水库，土质肥沃，草树繁茂，视野开阔，宛若桃花源——当然，这里也果真是有桃花的，每一个春季，花闹枝头。隋军在这里投资建设了占地面积50亩的水云间休闲娱乐项目，除了瓜果采摘，还设置了多处垂钓水塘，露天烧烤台等，企图通过文旅融合的业态，吸引城里的游客

黄岛蓝莓

启动

2021黄岛蓝莓季开幕
暨中国农批西海岸市场二期(保税物流仓)开工仪式

2021黄岛蓝莓产业发展论坛
2021黄岛蓝莓季
—黄岛蓝莓产业发展论坛
李亚东
吉林农业大学教授
中国园艺学会小浆果分会理事长

到乡村开展乡村游。奇趣微农场一分田项目也做成功了，城里人到乡村认领租赁“一分田”，既圆了田园梦想，又满足了口腹之欲。“我会安排专人看护奇趣微农场一分田项目的菜园子，协助租赁菜园的城里人管理瓜果蔬菜，大陡崖村的部分乡亲依靠在奇趣微农场务工，还实现了家门口就业增收。”

沃泉近年着力打造的另一个项目叫“寻宝山居”民宿旅游，这组民宿是青岛西海岸新区首例以租赁闲置宅基地为主要模式，以独具北方田园风貌为主要亮点的高端民宿颐养项目，同样位于大陡崖村东侧，总投资 4 000 万元，占地 230 亩。“客房分为单间别院、厢房别院、复式别院，以本土文化为依托，每个房间各具魅力，比如有剪纸特色的房屋，有年画特色的房屋，还有智慧特色的房屋。”隋军说，为了让“寻宝山居”民宿旅游项目带动大陡崖村和宝山镇父老乡亲增收，他还带领团队开发了“‘寻宝山居’民宿旅游项目＋大陡崖村精品采摘园＋风河源自然风光”的旅游路线。沃泉流转的土地更高效率地被利用了起来，“实现了一举多得的局面，引得许多镇村前来学习和效仿”。

在隋军的眼里，宝山蓝莓和宝山苹果，就是宝山人乡村振兴的致富“双果”。“20 年蓝莓种植史，山东省首家国家级蓝莓栽培综合标准化示范区，2 万余亩蓝莓年产值达 5 亿元 …… 过程艰辛，来路也充满挑战。”当选宝山蓝莓产业协会会长后，隋军和宝山镇政府发挥蓝莓产业协会的作用，主要做了三个方面的工作。一是规范生产销售，宝山镇蓝莓产业协会统一蓝莓品牌包装设计，搭建管控平台，统一渠道销售，统一处理售后问题，规范蓝莓的生产与销售。二是严格监管生长过程，从 2020 年起，蓝莓产业协会采取多种方式检验检测各园区和果农的蓝莓生产情况，并根据检验检测结果和日常经营销售情况评选 30 个最佳诚信农户和 10 个最佳诚信园区，由镇政府授牌，分别给予 0.5 万元和 1 万元奖励。对于检验检测结果出现问题的果农，列入统一销售渠道黑名单，并禁用宝山蓝莓品牌。三是实现“三保三化”的目标，宝山蓝莓产业协会尽心竭力做到“保有机、保诚信、保增收”，使得宝山蓝莓向着品牌化、标准化、产业化的目标迈进。与此同时，由镇农业农村中心与全镇所有蓝莓果农和园区签订诚信承诺书，严禁使用膨大剂和甜蜜素等添加剂，这一系列举措，“都是为了强化品牌，保住品牌”。

投资600万元，在大陡崖村建起占地31亩的“宝山蓝莓品牌推广中心”，是隋军另一个“紧跟潮流”的动作。“推广中心几乎种植有黄岛全系列品种的蓝莓，也展示蓝莓深加工产品、各种包装和文创。当然最主要的还是实物与文献相结合，展陈了宝山蓝莓发展历史和品牌推广之路。自开馆以来，我们已经累计接待研学及参观游客10万余人，大有网红打卡地的势头。”

2021年5月，宝山蓝莓迎来丰收季，在疫情的影响下，蓝莓销售商进不来，果农们心急如焚。隋军于是改变销售策略，进入“线上带动线下”的销售模式。“抖音有好货”、学习强国、“大众网·海报新闻”等现场直播活动都尝试了，新华网、《人民日报》、学习强国等20多家媒体上也对宝山蓝莓进行了宣传推广，带动全镇蓝莓线上销售超过一万单，销售额达100多万元，线下销售收入1 000余万元。

2021年是隋军“激情狂飙”的一年，“也是区农业农村局和宝山镇党委政府支持，在疫情厉害的这一年我们没有停下，带着宝山蓝莓种植户走进兰州、西安、深圳、上海、重庆等地，举办蓝莓推介会。宝山蓝莓产业协会与全国最大的水果渠道商上海万果联签署了战略合作协议；与永旺梦乐城合作，走进大型商超搭建‘宝山 windows’；在蓝海集团各大星级酒店铺设果品销售点”。隋军引以为傲的是，2021年，以宝山蓝莓产业为代表的乡村振兴典型事迹，与全国各地的其他32个案例，共同入选中组部主编的乡村振兴案例一书。“全国发行了150多万册呢。”隋军说。据说隋军本人也先后荣获了青岛西海岸新区“优秀品牌高级管理人员”和“西海岸品牌云推官”等称号，果然努力又有策略的人容易“名利双收”。

反哺

“有些农民吃完了苦说不出来，表达不出来；有些农民想表述，却偏离了他的主轴。”在黄岛的一个夜晚，偶然遇着逄佩，就着暴雨，我与逄佩进行了一次计划之外的聊天。从田间灌溉不足说起，继而论及农业基础设施、农村精神面貌的改变，“当真正下沉到农业中，就会发现有好多东西在追求高产高能，农民付出的成本中，人工成本往往是不计的”。雨一直下，我们各自乏累，农业基础设施不足显而易见，它仍然是农民、农村、农业举步艰难的核心原因，而且，传统农业中争地、争水、争人的问题并未彻底解决，“（基础设施不足使得农业生产的）风险太大了，不可控。这么多年，到了现在，农业还是要看天吃饭”。交谈中，大略能够辨识逄佩的些许特征。

“黄岛蓝莓发展了这么多年，它只能以乡镇、以村的结构去发展。”逄佩说，农民每个人的素质不一样。“管理 1000 棵蓝莓与管理 10 万棵蓝莓更不一样，10 万棵里面若有 2 万棵不符合所需要的状态，一下就把其他 80% 的利润稀释了，甚至会出现更大的风险。非常难管理。”

逄佩认为，从大棚样貌就可以判断蓝莓的出果率以及整体的生态循环。蓝莓与管理者的实际素质、水平有直接关系。“在农村，解学兵对机械、对电都有了解，他就更容易理解机械设备、温度等物理知识，也比其他人理解得要好。如果一个人什么都不懂，事事求人，管理蓝莓大棚就困难很多。所以说，蓝莓种植与管理者的实际能力紧密相关。说白了，懂科学的、动手能力强的、能完成事情的，管理肯定要好。包括滴灌出现问题了，自己马上就可以处理。如果自己不懂，去找人，甚至耽误农时，就麻烦了。”

科学种植，是现代农业的一项内容。在农村的实际操作中，科学种植又与种植户的理解能力、实施能力有关。实施过程中，根据不同的土壤、环境，要因地制宜、灵活运用，“照本宣科、死板教条，就不好使了”。在逄佩看来，科学种植对大部分农民来说，都是一个关键问题。“大宗粮食产业中，为什么有些人种得好？同样一块地，一分两半，用同样的种子，施同样的肥，用心和不用心，绝对两回事儿。农业需要精细化管理，农副产品要是像工业那样管理，几乎都不理想。”

农业产业化里的误区很多，很多人带钱来。可是，放在土地里，什么都看不到。目前来说，人类在农业上，还是没离开靠天吃饭的程度，抗自然能力太弱了。

“蓝莓的时间成本很高。种植头几年，是育苗期，这一时期风险太大。育好了，三年后结果，有了收成。育不好，就要往后延。对老百姓来说，投钱建大棚，然后育苗等待三年，而且还要抗住。有时候，一场自然灾害，有的种植户由于技术掌握不充分，也许一个失误就错过了一季，只能等来年。太脆弱了。科技农业和现代农业有一个门槛，而这个门槛并不容易迈过去。种地的农民普遍文化水平较低，学农业的又大都缺乏实际经验，农学毕业的大学生不太可能真正深入农业种地，这就是一个结构性问题。”

“中国人均耕地太少，人均耕地多的国家可以通过地多来抵抗风险。在中国，不论人还是动植物，面对生命周期的急迫性都很强。对农民来说，土地少，是拿不出一块土地来做试验的。好不容易投入十几万元建了大棚，谁也不敢拿出来做试验。我举个例子，比如说肥料。农民在蓝莓种植中常年使用一种肥料，即便来了再好的一种肥料，他也不会轻易使用，因为他心理上的压力就过不去。万一不好呢？这块风险谁来抗？这就是科技在农业推广中的滞后点。”

“另外，农业最关键是与水、土、阳光和空气等自然环境有关系。这些恰恰在工业中可以避免。现在有一个趋势，让多数人接受农业产业化、农业工业化，但是，农业和工业不是一种规律。作为农民，他知道他的责任。精细化农业是老百姓能赚到现金的唯一出路，就得种植市场中比较稀缺的农作物，像蓝莓。但是，市场比较稀缺的农作物，也意味着更大风险。因为风险高，它才稀缺。并且，种植的过程，大部分老百姓只看结果，不懂技术。他只看到别人种得好，就被吸引。”

“乡村振兴、共同致富最难的就是农民。怎么让农民富起来？在农业中，能赚钱的部分是农业中的二产和三产，但是大多数农民参与不了。所以，农民只能在第一产中谋生存。可是，农业中的一产又是能看到尽头的事情，从一开始，就能看到结果，好的结果有天花板，不好的结果就是负数。”

“这些年，农村基础设施建设还是不够，水利是农业的命脉，农民要灌溉，就得自己打井。国家要把基础投入放到农业的建设中来，把农民的后顾之忧解决。农民大都不是很懒的人，农民是闲不住的人，农民是不计成本的人。国家投入资源，换得农业安全，这不是哪一个资本能做的事情……”

雨一直没有停下。

与逄佩不同，和周兆贤之间的谈话更像一次各取所需的以物易物。周兆贤很像鲁迅《社戏》里六一公公式的人物，有着丰厚的中国质朴农人的典型特征。他问我青岛现在的样子，以及中山路是不是还是那样狭窄。等到我回答以后，他再把乡村的变与不变讲给我听。阡陌井田之外，他知道有但未见过更开阔的世界，并且在其生活的乡村，他们很少发声，往往沉默，偶有面对小孩子的时候，才表现出亲善和可接近性。周兆贤77岁了。他说：“现在乡下人去城市的人很多。年轻人都不在家了，都出去了。”意大利小说家切萨雷·帕韦塞在《月亮与篝火》里借瓦利诺之口也讲过类似一番话：“农村和所有的农村都一样，要让它出产东西需要人手，而现在再也没有人手了”。

我问周兆贤谁来种地，他给了一个出乎意料的回答：“这个你不用管。国家有方法，有奖励农业的方法，这个补贴，那个补贴。现在还有机器，机器厉害啊。”听他继续说下去，他说了一会儿，又再向我发问。他的问题也是答案的一部分。

2020年4月15日，青岛西海岸新区管委印发《青岛西海岸新区关于进一步加快乡村产业振兴鼓励政策》，从支持农村土地规模流转集约经营、支持发展现代高效农业等方面推动乡村产业发展："对当年集中连片流转农村土地（山林、四荒地除外）用于规模化经营，面积200亩及以上、流转年限十年及以上，从事设施农业、特色农业、乡村旅游、农业产业园和田园综合体并已开工建设的经营主体，给予每亩每年500元的资金补贴，连补三年。""对年内投资200万元及以上集中连片新建大棚、温室的设施农业经营主体，每个主体给予投资额20%的补贴，单个主体当年最高补贴不超过100万元。""对年内实际投资500万元及以上、达到建设标准的农业产业园，给予经营主体实际投资额20%的补贴，单个农业产业园当年奖补不超过300万元。"

走了很久，才到铁山水库，尽管看上去它就在眼前。

铁山水库在群山脚下，从快速路远望过去，可以看遍它的全部声色，它是我有限看过的水库当中最小的一个，接近一个透明的湖。即便如此，铁山水库作为主要水源地，连同另外5座塘坝，承担起了铁山、胶南和隐珠3处乡镇、54个自然村的土地灌溉需求，计5.6万亩。前往水库路上，遇到的农人或在洒药，或在除草。山谷里，还有其他大大小小的水库，它们汇集山水，又反哺山水，是一笔巨大的财产。

这里富含水源，但依然有干旱。整个下午，一对老年夫妇在自己的一亩三分地里，把缺苗补种，又想了想，还是不理想，最后决定把种子重新种一遍。他们找来播种机，备好种子和化肥，把十天前的工序重新来过。庄稼毁了，一边心疼一边生产是中国农民的农业观，而不是因一次减产受灾就任由土地荒废下去。

十多天前，他们就把玉米种子播种了，"先旱，又涝死了"。天气预报显示，未来几天有阵雨，他们再次看天吃饭。山村里虽然山水相对丰盈，可是灌溉并不足以覆盖大面积丘陵坡地。打井广告随处可见，却主要为蓝莓种植服务。

农民一直都在随机应变。约翰·伯格在《他们的劳作》三部曲中阐释过这一观点："一个农民的劳作常规跟大多数的城市劳作常规很不一样，农民每一次做同样的事情，其中都有变数。"

即便缺水，农民们也很少有为了种小麦玉米而联合打井的，投入产出比是一个关键因素。打一口 100 多米的井，要 1 万多元，山地起伏，土地零散，满目青色的天地里找到一口为小麦玉米服务的井很难。靠山吃山，靠水吃水，农业进步了这么久，走了那么多弯路，农民还是靠天吃饭。

弯路的诱惑性很大，这正是山谷迷人的地方。

短距离内看不到远方，但彼此经过。个人经验是，面对未知的路，一点儿也不觉得枯燥，不论是路边的狗尾巴草、虫蛀的油豆叶，还是随风摆动的芦荻、采摘结束的蓝莓，都是值得一看再看的景色。它们姿态多变，从描述上看不出这里与其他地方有什么区别。但，这就是山谷的步调，山谷的声色。

图书在版编目（CIP）数据

步调：黄岛蓝莓生长笔记 / 王帅著 . —青岛：中国海洋大学出版社，2024.3

ISBN 978-7-5670-3813-4

Ⅰ . ①步… Ⅱ . ①王… Ⅲ . ①浆果类果树－果树园艺 Ⅳ . ① S663.2

中国国家版本馆 CIP 数据核字 (2024) 第 054742 号

步调：黄岛蓝莓生长笔记

BUDIAO：HUANGDAO LANMEI SHENGZHANG BIJI

著　　者　王帅
出版发行　中国海洋大学出版社
社　　址　青岛市香港东路 23 号　　　　邮政编码　266071
出 版 人　刘文菁
网　　址　http://pub.ouc.edu.cn
订购电话　0532-82032573
责任编辑　张跃飞
电子信箱　flyleap@126.com
策划出品　青岛日报报业集团良友书坊
策划编辑　冷　艳　杨　倩
装帧设计　良友创库 · 曹守磊
封面设计　王戈力
印　　制　青岛新华印刷有限公司
版　　次　2024 年 3 月第 1 版
印　　次　2024 年 3 月第 1 次印刷
成品尺寸　170 mm × 240 mm
印　　张　13.25
字　　数　120 千
印　　数　1~2 000
定　　价　68.00 元